普通高等教育"十三五"规划教材
电工电子基础课程规划教材

电工电子工艺实训教程

王立新　徐秀美　曹立军　主编

孙贤明　主审

电子工业出版社

Publishing House of Electronics Industry

北京·BEIJING

内 容 简 介

本书是根据高等理工科院校电工电子技术实践教学的基本要求,以知识整合能力、工程实践能力、探究创新能力培养为教学目标而编写的。全书共 9 章,主要内容包括:安全用电、常用电工工具和仪器仪表的使用、电动机控制电路的安装与测试、PLC 改造电气控制线路、常用电子元器件、焊接技术、印制电路板的设计与制作、电子技术基础实训、电子产品组装等。

本书在内容安排上注重基本技能的训练,同时也注重理论与实践的有机结合,可作为理工科院校电工电子工程训练的教材,也可作为相关工程技术人员和无线电爱好者的参考书。

未经许可,不得以任何方式复制或抄袭本书之部分或全部内容。
版权所有,侵权必究。

图书在版编目(CIP)数据

电工电子工艺实训教程/王立新,徐秀美,曹立军主编. —北京:电子工业出版社,2019.5
电工电子基础课程规划教材
ISBN 978-7-121-36517-1

Ⅰ. ①电… Ⅱ. ①王… ②徐… ③曹… Ⅲ. ①电工技术-高等学校-教材②电子技术-高等学校-教材 Ⅳ. ①TM②TN

中国版本图书馆 CIP 数据核字(2019)第 092062 号

责任编辑:凌 毅
印   刷:三河市华成印务有限公司
装   订:三河市华成印务有限公司
出版发行:电子工业出版社
          北京市海淀区万寿路 173 信箱 邮编 100036
开   本:787×1092 1/16 印张:12.5 字数:336 千字
版   次:2019 年 5 月第 1 版
印   次:2021 年 12 月第 5 次印刷
定   价:36.00 元

凡所购买电子工业出版社图书有缺损问题,请向购买书店调换。若书店售缺,请与本社发行部联系,联系及邮购电话:(010)88254888,88258888。

质量投诉请发邮件至 zlts@phei.com.cn,盗版侵权举报请发邮件至 dbqq@phei.com.cn。

本书咨询联系方式:(010)88254528,lingyi@phei.com.cn。

前　言

随着科学技术的迅速发展，社会需要的人才不仅仅局限于对科学技术、文化知识的掌握，还需要具有较强的实践能力和解决工程实际问题的能力，因此，在教学过程中必须要把理论和实践有机结合起来，培养学生的工程实践能力和创新能力，才能适应社会发展的需要。电工电子工艺实训是高等理工科院校培养工程技术人才的核心课程，它将科学研究、实验教学、工程训练融为一体，是理论联系实际的有效途径。学生通过电工电子工艺实训课程的学习，可以弥补从基础理论到工程实践之间的薄弱环节，拓展科技知识、激发学习兴趣，培养劳动安全意识、质量意识和工程规范意识，提高工程素养与实践创新能力。

本书内容注重实训项目的多样性和实用性，通过让学生亲自完成实训项目的安装制作、调试、性能测定、验收和故障排除等具有工程含义的活动，学习基本的操作技能。全书共 9 章，主要内容包括：安全用电、常用电工工具和仪器仪表的使用、电动机控制电路的安装与测试、用 PLC 改造电气控制线路、常用电子元器件、焊接技术、印制电路板的设计与制作、电子技术基础实训、电子产品组装等。

本书在内容安排上注重基本技能的训练，同时也注重理论与实践的有机结合，可作为理工科院校电工电子工程训练的教材，也可作为相关工程技术人员和无线电爱好者的参考书。

本书由王立新、徐秀美、曹立军共同编写，由王立新统稿、定稿，由孙贤明教授主审。本书在编写过程中，参考了大量的优秀教材，受益匪浅，在此谨向教材作者致以诚挚的谢意。

本书提供配套的免费电子课件，可登录华信教育资源网 www.hxedu.com.cn，注册后下载。

限于编者的水平，错误和不当之处在所难免，恳请使用本书的师生和广大读者提出宝贵意见。

编　者
2019 年 4 月

目　　录

第1章　安全用电 ... 1
1.1　电流对人体的伤害及触电方式 ... 1
1.1.1　电流对人体的伤害 ... 1
1.1.2　触电方式 ... 2
1.2　触电现场的抢救 ... 3
1.2.1　触电急救原则 ... 3
1.2.2　触电者脱离电源的方法 ... 3
1.2.3　触电者的救护 ... 4
1.3　用电安全措施 ... 5
1.3.1　电工安全操作常识 ... 5
1.3.2　保护接地和保护接零 ... 5

第2章　常用电工工具和仪器仪表的使用 ... 7
2.1　常用电工工具的使用 ... 7
2.1.1　验电笔 ... 7
2.1.2　装接工具 ... 8
2.1.3　焊接工具 ... 10
2.2　常用电工仪表的使用 ... 12
2.2.1　万用表 ... 12
2.2.2　交流毫伏表 ... 15
2.2.3　数字电桥 ... 16
2.2.4　钳形电流表 ... 18
2.2.5　兆欧表 ... 19
2.2.6　功率表 ... 20
2.2.7　电度表 ... 21
2.3　常用电子仪器的使用 ... 23
2.3.1　直流稳压电源 ... 23
2.3.2　SP1642B 函数信号发生器/计数器 ... 24
2.3.3　DS5062C 数字存储示波器 ... 26
2.4　常用电工仪器仪表实训项目 ... 30
实训项目1　常用电工仪表的使用 ... 30
实训项目2　常用电子仪器的使用 ... 32

第3章　电动机控制电路的安装与测试 ... 34
3.1　常用低压电器 ... 34
3.1.1　常用低压电器的种类 ... 34
3.1.2　几种常用低压电器 ... 35
3.2　电动机控制电路图的识读、绘制及安装步骤 ... 45
3.2.1　识读、绘制电动机控制电路图的原则 ... 45
3.2.2　电动机基本控制电路的安装步骤 ... 48

3.3 电动机全压启动控制电路 ·········· 48
   3.3.1 开关控制电路 ·········· 48
   3.3.2 点动控制电路 ·········· 48
   3.3.3 接触器自锁正转控制电路 ·········· 49
   3.3.4 电动机正反转控制电路 ·········· 49
3.4 电动机降压启动控制电路 ·········· 52
   3.4.1 按钮控制 Y-Δ 降压启动 ·········· 52
   3.4.2 QX3-13 型 Y-Δ 自动启动器 ·········· 53
3.5 电动机制动控制电路 ·········· 54
   3.5.1 反接制动 ·········· 54
   3.5.2 能耗制动 ·········· 55
3.6 电动机控制电路实训项目 ·········· 56
   实训项目 1 接触器自锁正转控制电路的安装与调试 ·········· 56
   实训项目 2 接触器联锁正反转控制电路的安装与调试 ·········· 58
   实训项目 3 电动机位置控制电路的安装与调试 ·········· 61
   实训项目 4 电动机 Y-Δ 降压启动控制电路的安装与调试 ·········· 62
   实训项目 5 电动机反接制动控制线路 ·········· 64

第 4 章 PLC 改造电气控制线路 ·········· 66
4.1 PLC 简介 ·········· 66
4.2 可编程控制器的编程语言 ·········· 67
4.3 PLC 改造电气控制线路 ·········· 69
4.4 PLC 实训项目 ·········· 70
   实训项目 1 电动机 Y-Δ 降压启动 PLC 控制电路的安装与调试 ·········· 70
   实训项目 2 PLC 改造机床电路的设计与制作 ·········· 72

第 5 章 常用电子元器件 ·········· 73
5.1 电抗元件 ·········· 73
   5.1.1 电阻器 ·········· 73
   5.1.2 电位器 ·········· 77
   5.1.3 电容器 ·········· 80
   5.1.4 电感器 ·········· 83
   5.1.5 变压器 ·········· 86
5.2 半导体分立器件 ·········· 87
   5.2.1 半导体分立器件的型号命名 ·········· 87
   5.2.2 晶体二极管 ·········· 88
   5.2.3 晶体三极管 ·········· 92
   5.2.4 晶闸管 ·········· 94
   5.2.5 单结管 ·········· 96
5.3 集成电路 ·········· 96
   5.3.1 集成电路分类 ·········· 97
   5.3.2 集成电路命名 ·········· 97
   5.3.3 集成电路引脚识别 ·········· 98

        5.3.4 集成电路的检测 98
　　5.4 表面组装元器件 99
        5.4.1 无源元件 99
        5.4.2 有源器件 100
　　5.5 电子元器件识别与测试实训 102

第6章 焊接技术 103
　　6.1 锡焊机理 103
        6.1.1 扩散 103
        6.1.2 润湿 103
        6.1.3 合金层 104
　　6.2 常用焊接工具与材料 104
        6.2.1 焊接工具的选用和保养 104
        6.2.2 焊料 105
        6.2.3 助焊剂 107
　　6.3 手工锡焊技术 108
        6.3.1 手工锡焊操作姿势 108
        6.3.2 手工锡焊操作步骤及注意事项 108
        6.3.3 锡焊质量和锡焊缺陷 109
        6.3.4 手工焊接印制电路板 110
        6.3.5 拆焊 112
　　6.4 表面组装技术 113
        6.4.1 表面组装技术概述 113
        6.4.2 表面组装工艺流程 114
        6.4.3 手工表面组装简介 115
　　6.5 表面组装元器件的手工焊接技术 117
        6.5.1 片式元器件的手工装焊 117
        6.5.2 SMT集成电路的拆焊 118
　　6.6 电子工业生产中的焊接技术 119
        6.6.1 波峰焊 119
        6.6.2 再流焊 120
        6.6.3 浸焊 120
　　6.7 焊接技术实训 121
        实训项目1　THT元器件及导线的焊接 121
        实训项目2　SMT元器件的手工焊接 122

第7章 印制电路板的设计与制作 124
　　7.1 印制电路板设计基础 124
        7.1.1 印制电路板的基本组成 124
        7.1.2 印制电路板的种类 125
        7.1.3 印制电路板设计前的准备 125
　　7.2 印制电路板的排版设计 126
        7.2.1 印制电路板的设计原则 126

  7.2.2 元器件的布置 ... 127
  7.2.3 印制导线的设计 ... 128
  7.2.4 焊盘及孔的设计 ... 129
 7.3 印制电路板的制作工艺 ... 131
  7.3.1 印制电路板制作过程的基本环节 ... 131
  7.3.2 印制电路板的制作流程 ... 132
 7.4 印制电路板的实验室制作 ... 132
  7.4.1 热转印法制作印制电路板 ... 132
  7.4.2 雕刻机制作印制电路板 ... 133
 7.5 印制电路板制作实训 ... 134

第8章 电子技术基础实训 ... 137
 8.1 直流稳压电源 ... 137
  8.1.1 分立元器件构成的串联型直流稳压电源及充电器 ... 137
  8.1.2 三端集成稳压器构成的直流稳压电源 ... 139
 8.2 运算放大器的基本应用 ... 141
 8.3 函数信号发生器 ... 144
 8.4 集成功率放大器 ... 146
 8.5 电子调光灯电路的安装制作 ... 148

第9章 电子产品组装 ... 151
 9.1 电路图的识读 ... 151
  9.1.1 电路图的基础知识 ... 151
  9.1.2 识读电路图的方法和步骤 ... 151
 9.2 调试与检测 ... 152
  9.2.1 调试与检测仪器 ... 152
  9.2.2 仪器选择与配置 ... 153
  9.2.3 仪器的使用 ... 153
  9.2.4 调试与检测安全 ... 155
  9.2.5 调试技术 ... 156
 9.3 故障检测方法 ... 161
  9.3.1 常见故障现象和产生故障的原因 ... 161
  9.3.2 检查故障的一般方法 ... 162
  9.3.3 安全事项 ... 168
 9.4 电子装配工艺基础 ... 169
  9.4.1 安装导线 ... 169
  9.4.2 线束 ... 170
  9.4.3 导线及电缆加工 ... 171
  9.4.4 连接工艺 ... 173
 9.5 电子产品组装实训 ... 177
  实训项目1 数字万用表的组装与调试 ... 177
  实训项目2 调频收音机的装配 ... 186

参考文献 ... 192

第 1 章 安 全 用 电

本章主要介绍电流对人体的伤害、触电方式、防范措施和触电急救的有关知识。随着经济社会的不断发展,电气化程度越来越高,人们的生产和生活都离不开电。由于电能高效、环保,便于转换、传输、控制和分配,给人类生活带来了太多的便利,有力推动着社会的发展。但使用不当或违章用电,也会给人类造成灾难和不幸。因此,树立安全用电的意识,掌握安全用电的基本知识是很有必要的。

1.1 电流对人体的伤害及触电方式

1.1.1 电流对人体的伤害

触电是当人体触及低压带电体或靠近高压带电体时,电流通过人体并对人体造成的伤害。触电可分为电击和电伤。电击是指电流通过人体内部,造成人体内部组织的破坏,影响呼吸、心脏和神经系统,严重的会导致死亡。电击的危险性极大,应加以预防。电伤也叫电灼,是指由电流的热效应、化学效应或机械效应对人体造成的伤害。电伤常发生在人体的外部,往往在机体上留下伤痕,包括电弧烧伤、电烙伤、熔化的金属微粒渗入皮肤等伤害。电伤虽能使人遭受痛苦,甚至造成失明、截肢,但一般不会死亡。

电流对人体的伤害程度主要与下列因素有关。

1. 电流的大小

对工频交流电流,按照通过人体电流的大小和人体所呈现的状态不同,分为下列 3 种。

① 感知电流。指引起人的感觉的最小电流。实验表明,成年男性的平均感觉电流约为 1.1mA,成年女性约为 0.7mA。

② 摆脱电流。指人体触电后,能自主摆脱电源的最大电流。成年男性的平均摆脱电流为 16mA,成年女性约为 10mA。

③ 心室颤动电流。指在较短的时间内危及生命的最小电流。实验表明,当通过人体的电流达到 30~50mA 时,中枢神经就会受到伤害,呼吸困难。如果通过人体的电流超过 100mA,在极短的时间内,人就会失去知觉而导致死亡。

电流通过人体的时间也与伤害程度有关,一般以 30mA·s 作为安全界限。

2. 电流的种类

工频交流电的危险性远大于直流电,因为交流电流主要是麻痹、破坏神经系统,往往难以自主摆脱。高频(2000Hz 以上)交流电由于趋肤效应,危险性减小。

3. 电流通过的路径

电流通过人体不同的部位对人体的伤害是不同的。当电流通过人的头部、心脏、脊椎等重要器官或组织时,对人体的伤害最大。

4. 伤害程度与人体电阻的关系

人体电阻由体内电阻和皮肤电阻两部分组成。体内电阻一般为 500Ω 左右,并与接触电压无关;皮肤电阻则随着皮肤表面的干燥或潮湿状态而变化,且随着接触电压的大小而变化,如电压升高,人体电阻下降。人体电阻一般为 1500~2000Ω。

1.1.2 触电方式

常见的触电方式主要有单相触电、两相触电、跨步电压触电等。

1．单相触电

当人体的某一部位碰到相线或绝缘性能不好的电气设备外壳时，电流由相线经人体流入大地，这就是单相触电。单相触电又分为中性点接地和中性点不接地这两种触电类型。图 1-1（a）为中性点接地系统，图 1-1（b）为中性点不接地系统。

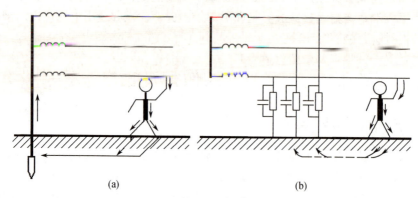

图 1-1 单相触电

由图 1-1（a）可知，中性点接地时，事故电流经相线→人体→大地→中性点接地体→中性点形成闭合回路。通过人体的电流计算公式为

$$I = \frac{U}{R_人 + R_地}$$

式中，U 为相电压，$R_人$ 为人体电阻，人体电阻取 1000Ω；$R_地$ 为接地体电阻，通常小于 4Ω，比人体电阻小很多，通常忽略不计，则

$$I = \frac{U}{R_人 + R_地} \approx \frac{U}{R_人} = \frac{220\text{V}}{1\text{k}\Omega} = 220\text{mA}$$

显然，这个电流值对人体是十分危险的。

对于中性点不接地的单相触电，由图 1-1（b）可知，触电电流经相线→人体→大地→线路对地绝缘电阻（空气）和分布电容→中性点分别形成两条闭合回路。如果线路绝缘良好，空气阻抗、容抗很大，人体承受的电流就比较小，危险性较低；如果线路绝缘不好，则危险性就增大。

2．两相触电

当人体同时接触带电设备或线路中的两相导体时，电流从一相导体通过人体流入另一相导体，构成一个闭合回路，这种触电形式称为两相触电。如图 1-2 所示，此时人体承受的是线电压，在这种情况下，触电者即使穿上绝缘鞋或站在绝缘台上也起不到保护作用，是一种危险的触电形式。

3．跨步电压触电

带电体着地时，电流流过周围土壤，产生电压降，人体接近着地点时，两脚之间形成跨步电压，其大小取决于离着地点的远近及两脚下对着地点方向的跨步距离。跨步电压在一定程度上也会引起触电事故，称为跨步电压触电，如图 1-3 所示。通常，为了防止跨步电压触电，应离接地带电体 20m 之外，此时跨步电压约为零。

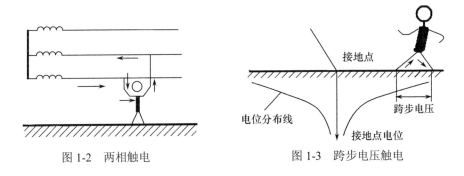

图 1-2 两相触电　　　　　图 1-3 跨步电压触电

1.2 触电现场的抢救

当发现有人触电时,必须采取正确有效的施救方法,切不可惊慌失措,否则不仅不能救人,而且可能发生更大的事故。

1.2.1 触电急救原则

触电急救必须坚持"迅速、就地、准确和坚持"的原则。"迅速"就是要争分夺秒,千方百计使触电者脱离电源,并将受害者放到安全的地方。"就地"是指在安全地方就地抢救触电者,早争取一分钟就有可能救活触电者。实验研究和统计表明,如果从触电后 1 分钟开始救治,则有 90%的机会可以救活;如果从触电后 6 分钟开始抢救,则仅有 10%的救活机会;而从触电后 12 分钟开始抢救,则救活的可能性极小。因此当发现有人触电时,应争分夺秒,采用一切可能的办法救助。"准确"就是抢救的方法和施行的动作姿势要合适得当。"坚持"就是抢救必须坚持到底。有时抢救需长达几小时,直到医务人员判定触电者已经死亡或无法抢救时,才能停止抢救。

1.2.2 触电者脱离电源的方法

如遇触电事故,应使触电者尽快脱离电源。脱离电源就是要把触电者接触的那一部分带电设备的刀开关、断路器或其他断路设备断开,或设法将触电者与带电设备脱离。在脱离电源的过程中,救护人员既要救人,也要注意保护自己。此时要针对不同的情况采取不同的措施:高压时,特别注意使用可靠的适合该电压等级的绝缘器材作为断电工具,并注意保持自身与周围带电设备必要的安全距离;低压时,要注意救护者自身的绝缘,如不能光脚站在地面上、不用湿手操作开关等。触电者在高空时,要特别注意防止触电者脱离电源后跌伤而造成二次伤害。操作方法如图 1-4 所示。

图 1-4 使触电者脱离电源的方法

1.2.3 触电者的救护

当触电者脱离电源后,应迅速判断其症状,根据其受伤害程度,采用不同的急救方法。对神志清醒的触电者,应放在阴凉通风处,使其安静休息,不要站立走动。对轻度昏迷,但心跳、呼吸均正常者,应严加监护,并拨打"120"急救,禁止摇动伤员头部呼叫伤员。当发生严重触电事故时,在拨打"120"急救电话的同时,还要针对不同情况采取不同措施就地急救:对无呼吸有心跳者,要进行人工呼吸;对无心跳有呼吸者,要进行人工胸外心脏按压;对既无心跳、又无呼吸者,应进行人工呼吸及胸外心脏按压。

人工呼吸和胸外心脏按压应尽快实施,并耐心坚持。

1. 口对口人工呼吸

口对口人工呼吸法如图1-5所示。

把触电者放在空气畅通、流通的硬地板上,让触电者仰卧,解开其衣领和裤带,将触电者的头偏向一侧,令其嘴张开,用手指清除口腔中的异物、假牙等。

① 施救者跪在触电者身体的一侧,一手放在触电者的额头上向下按,另一手托起触电者的下巴往上抬,迫使其张口,保持触电者头部后仰的姿势,令下颌部与耳垂的连线同地面基本呈90°,即气道已经充分打开。如图1-5 (a)所示。

② 一手捏住患者鼻翼两侧,另一手的食指与中指抬起触电者的下颌,深吸一口气,尽可能用嘴完全地包住触电者的嘴巴,将气体吹入触电者的体内。同时眼睛要注视触电者的胸廓是否有明显的扩张,若有,表明吹气量足够多。如图1-5 (b)所示。

③ 吹气停止后,随即放开捏住触电者鼻子的手,让触电者自主完成一次呼气过程。如图1-5 (c)所示。

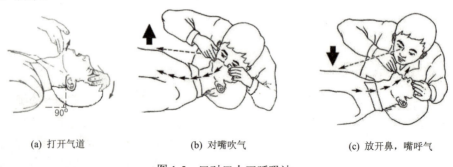

(a) 打开气道　　　　(b) 对嘴吹气　　　　(c) 放开鼻,嘴呼气

图1-5　口对口人工呼吸法

照此反复进行,成人触电者每分钟14~16次,儿童触电者每分钟20次。最初六七次吹气可快一些,以后转为正常速度。同时要注意观察触电者的胸部,操作正确应能看到胸部有起伏,并感到有气流逸出。

2. 胸外心脏按压

胸外心脏按压法如图1-6所示。

让触电者仰卧于硬板床或地上。施救者应紧靠触电者胸部一侧,为保证按压时力量垂直作用于胸骨,施救者可根据触电者所处位置的高低采用跪式或用脚凳等不同体位。

按压部位:胸骨中下1/3交界处的正中线上或剑突上2.5~5cm处。

按压方法:

① 施救者一手掌根部紧贴于胸部按压部位,另一手掌放在此手背上,两手平行重叠且手指交叉互握并稍抬起,使手指脱离胸壁。如图1-6 (a)所示。

② 施救者双臂应绷直,双肩中点垂直于按压部位,利用上半身体重和肩、臂部肌肉力量垂

直向下按压。如图 1-6（b）所示。

③ 按压应平稳、有规律地进行，不能间断，下压与向上放松时间相等；按压至最低点处，应有一明显的停顿，不能冲击式地猛压或跳跃式按压；放松时定位的手掌根部不要离开胸部按压部位，但应尽量放松，使胸骨不受任何压力。如图 1-6（c）所示。

④ 按压频率为成人 80～100 次/分，小儿 90～100 次/分，按压与放松时间比例以 0.6∶0.4 为恰当。按压深度成人为 4～5cm，5～13 岁为 3cm，婴、幼儿为 2cm。

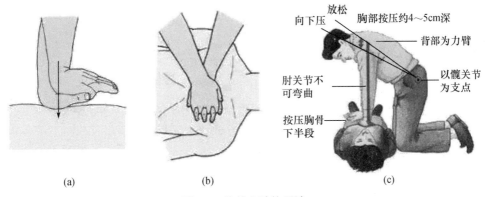

图 1-6　胸外心脏按压法

在实施胸外心脏按压的同时，应交替进行口对口人工呼吸。心脏按压与人工呼吸次数的比例：单人抢救为 15∶2，双人抢救为 5∶1。

1.3　用电安全措施

1.3.1　电工安全操作常识

为了避免违章作业，引起触电，应熟悉以下电工的安全操作要点。

① 工作前必须检查工具、测量仪表和防护用具是否完好无损。

② 任何电气设备内部未经验电，一律视为有电，不准用手触及。

③ 在线路、设备工作时要切断电源，经测电笔测试无电并挂上警告牌（如：有人工作，严禁合闸）后方可进行工作。

④ 临时工作中断后或每次开始工作前，都必须检查电源是否断开，并验明无电。

⑤ 电气设备的金属外壳必须接地（接零）。

⑥ 动力配电盘、开关或变压器等各种电气设备附近，不准堆放各种易燃、易爆、潮湿或其他影响操作的物体。

⑦ 拆除电气设备或线路后，对可能带电的线头必须用绝缘胶带包扎好。

⑧ 使用电烙铁时，安放位置附近不得有易燃物或靠近电气设备，用完后要及时拔掉电源插头。

⑨ 熔断器（俗称保险丝）烧断后，应先检查熔丝被烧断的原因，排除故障后再按原负荷更换合适的熔丝，不得随意加大或用其他金属线代替熔丝。

⑩ 电气设备发生火灾时，要立即切断电源，并使用二氧化碳或四氯化碳灭火器灭火，严禁用水或泡沫灭火器灭火。

1.3.2　保护接地和保护接零

电力系统和电气设备的接地，按其不同的作用，可分为工作接地、保护接地、保护接零和重复接地。工作接地是为了保证电气设备在正常或事故情况下可靠运行，而必须把电力系统中某一点进行接地，而保护接地、保护接零及重复接地，则完全是为了安全起见所采取的措施。

1. 保护接地

保护接地就是将电气设备在正常情况下不带电的金属部分与大地做金属性连接，以保证人身的安全。如图1-7所示。人体若触及漏电的设备外壳，因人体电阻与接地装置电阻相并联，接地装置电阻R_d小于10Ω，人体电阻比接地体电阻起码大200倍以上，所以通过接地装置的电流I_d远大于流过人体的电流I_r，对人身安全的威胁也就大为减小。

2. 工作接地

在电力系统中，凡因设备运行需要而进行的接地，称为工作接地。例如，配电变压器低压侧中性点的接地、发电机输出端的中性点接地等。

3. 保护接零

380V/220V一相四线制系统中的电气设备，必须采用保护接零，即将电气设备正常不带电的金属外壳与系统的零线相连接，以便减少触电的机会，如图1-8所示。一旦发生一相绝缘损坏与外壳相碰，电源将通过外壳和中性线形成短路，短路电流足以使线路上的保护装置迅速动作，切断故障设备的电源，从而起到保护作用。

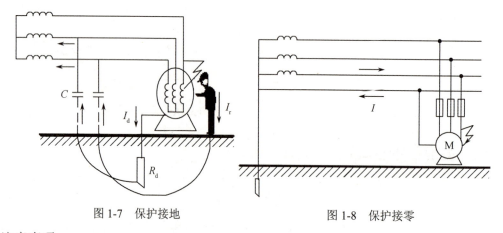

图1-7 保护接地　　　　图1-8 保护接零

注意事项：

① 在同一供电系统中，不允许设备接地和接零并存。

② 在中性点未接地的供电系统中，不允许采用保护接零措施。

③ 零线的主干线不允许加载开关、断路器等。

第 2 章 常用电工工具和仪器仪表的使用

2.1 常用电工工具的使用

2.1.1 验电笔

验电笔又称低压验电器、测电笔,简称电笔,是检验导线、低压电气设备外壳是否带电的一种常用辅助安全工具,检测范围为 50~500V,有接触式测电笔(钢笔式、螺丝刀式)和非接触式测电笔(感应式、数显式)等多种。

1. 接触式测电笔

图 2-1 所示为接触式测电笔的结构和使用方法。用接触式测电笔测试带电体时,若被测带电体与大地之间的电位差超过 50V,氖管就会发光。使用测电笔的正确握笔方法如图 2-1(b)所示,手指触及其尾部金属体,氖管背光朝向使用者,以便验电时观察氖管的发光情况。

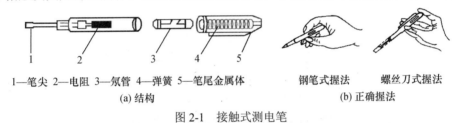

1—笔尖 2—电阻 3—氖管 4—弹簧 5—笔尾金属体　　钢笔式握法　　螺丝刀式握法
(a) 结构　　　　　　　　　　　　　　　　　　　　　　(b) 正确握法

图 2-1　接触式测电笔

2. 非接触式测电笔

非接触式测电笔的外形如图 2-2 所示。

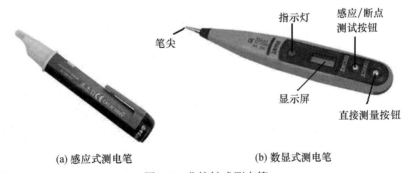

(a) 感应式测电笔　　　　　　(b) 数显式测电笔

图 2-2　非接触式测电笔

(1)感应式测电笔

采用感应式测电笔测试,无须物理接触,可检查控制线、导体和插座上的电压或沿导线检查断路位置,因此极大地保障了维护人员的人身安全。

(2)数显式测电笔

数显式测电笔能直接检测 12~250V 的交直流电压,间接检测交流电的零线、相线和断点,还可测量不带电导体的通断。

1)直接检测

轻触直接测量(DIRECT)按钮,测电笔金属前端直接接触被检测物,指示灯亮起,显示屏会显示被测电压值。

2) 间接检测（又称感应检测）

① 感应检测：轻触感应/断点测量（INDUCTANCE）按钮，测电笔金属前端靠近（注意是靠近，而不是直接接触）被检测物，若显示屏出现高压符号，则表示被检测物内部带交流电。

② 断点检测：测量有断点的导线时，轻触感应/断点测量（INDUCTANCE）按钮，测电笔金属前端靠近（注意是靠近，而不是直接接触）该导线，或者直接接触该导线的绝缘外层，若高压符号消失，则此处即为断点处。

3．测电笔的主要用途

（1）区别相线与零线

在交流电路中，当测电笔触及导线时，氖管发光的即是相线，正常时，零线不会使氖管发光。

（2）区别电压的高低

测试时可根据氖管发亮的强弱来估计电压的高低。

（3）区别直流电与交流电

交流电通过测电笔时，氖管里的两个极同时发光；直流电通过测电笔时，氖管里的两个极只有一个发光。

（4）识别相线碰壳

用测电笔触及电机、变压器等电气设备的外壳，若氖管发光，则说明该设备相线有碰壳现象。如果壳体上有良好的接地装置，则氖管是不会发光的。

（5）识别相线接地

在三相三线制星形交流电路中，用测电笔触及相线时，有两根通常稍亮、另一根稍暗，说明亮度暗的相线有接地现象，但不太严重。如果有一根不亮，则说明这一相已完全接地。在三相四线制电路中，当单相接地后，中性线用测电笔测量时，也可能发光。

2.1.2 装接工具

1．螺钉旋具

螺钉旋具分为手动和电动两种，螺钉旋具又称螺丝刀、起子或改锥，主要包括一字形和十字形两种。

（1）一字形螺丝刀

一字形螺丝刀用来紧固或拆卸一字槽的螺钉和木螺钉，有木柄和塑料柄两种。它的规格用柄部以外的刀体长度表示，常用的有 100mm、150mm、200mm、300mm 和 400mm 等规格。其结构如图 2-3（a）所示。

(a) 一字形　　　　　　　　(b) 十字形

图 2-3　螺钉旋具

（2）十字形螺丝刀

十字形螺丝刀专供紧固或拆卸十字槽的螺钉和木螺钉，有木柄和塑料柄两种。它的规格用刀体长和十字槽规格表示，十字槽规格有 4 种：Ⅰ号适用的螺钉直径为 2~2.5mm，Ⅱ号为 3~5mm，Ⅲ号为 6~8mm，Ⅳ号为 10~12mm。其结构如图 2-3（b）所示。

螺钉旋具是电工最常用的工具之一，使用时应注意以下几点：

① 选择带绝缘手柄的螺钉旋具，使用前先检查绝缘是否良好；
② 十字螺钉不要用一字形螺丝刀；
③ 小螺钉忌用大螺丝刀去拧，否则会把螺丝刀口拧坏；
④ 拧螺钉时，不要使螺丝刀打滑，对于易损坏的螺钉更应小心仔细；
⑤ 所使用的螺丝刀的规格尺寸应与被拧的螺钉口大小相适应。

螺钉旋具的使用方法如图 2-4 所示。

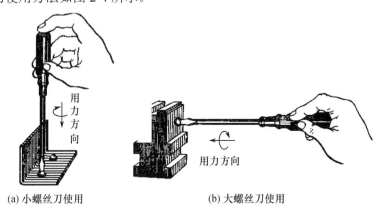

图 2-4　螺钉旋具的使用

2．钢丝钳

钢丝钳由钳头和钳柄两部分组成，钳头包括钳口、齿口、刀口和铡口 4 个部分，其结构和用途如图 2-5 所示。其中，钳口可用来钳夹和弯绞导线；齿口可代替扳手来拧小型螺母；刀口可用来剪切电线、剥绝缘层；铡口可用来铡切钢丝等硬金属丝。

钢丝钳柄部一般装有耐压 500V 的塑料绝缘套，可适用于 500V 以下的带电作业，使用时应注意保护绝缘套管，以免划伤失去绝缘作用。

不可将钢丝钳当作锤子使用，以免刀口错位、转动轴失灵，影响正常使用。

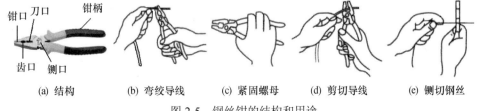

图 2-5　钢丝钳的结构和用途

3．尖嘴钳

尖嘴钳的头部尖细，适用于在狭小的工作空间操作。尖嘴钳也有铁柄和绝缘柄两种，绝缘柄的耐压为 500V，其外形如图 2-6 所示。

尖嘴钳的用途如下：

① 带有刀口的尖嘴钳能剪断细小的金属丝；
② 尖嘴钳能夹持较小螺钉、垫圈、导线等元件；
③ 在装接控制线路时，尖嘴钳能将单股导线弯成所需的各种形状；
④ 尖嘴钳可用于在焊接点上网绕导线和绕元件引线，还可以用于元件的引线成形。

4．斜口钳

斜口钳又称偏口钳、断线钳，主要用于剪断导线及焊后元器件多余的引线，其外形和结构如图 2-7 所示。

图 2-6 尖嘴钳

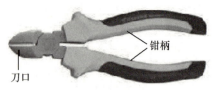
图 2-7 斜口钳

5. 剥线钳

剥线钳用来剥削 6mm² 以下塑料或橡胶导线的绝缘层，由钳头和手柄两部分组成。钳头部分由压线口和切口构成，分有 0.5～3mm 的各个切口，以适应于不同规格的芯线。使用时，导线必须放在大于其芯线直径的切口上切剥，否则会切伤芯线。剥线钳的形状如图 2-8 所示。

6. 镊子

镊子有尖头镊子和圆头镊子两种，如图 2-9 所示。尖头镊子用于夹持较细的导线和表面安装电子元器件，以便于装配焊接。圆头镊子用于弯曲元器件引线和夹持分立电子元器件焊接等，用镊子夹持元器件焊接还起散热作用。

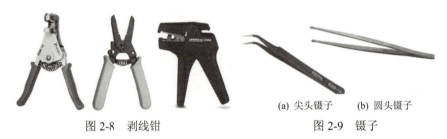

图 2-8 剥线钳　　　　　　　(a) 尖头镊子　　(b) 圆头镊子
　　　　　　　　　　　　　　　　图 2-9 镊子

2.1.3 焊接工具

锡焊工具是实施锡焊作业的必备工具，锡焊工具的选择、正确使用和维护保养是掌握锡焊技术的前提。

1. 电烙铁

电烙铁是锡焊的基本工具，它的作用就是把电能转换成热能，用以加热工件，熔化焊锡，使元器件、焊盘、导线等牢固地连接在一起。具有使用灵活、容易掌握、操作方便、适应性强、焊点质量易于控制、所需设备投资少等优点。选择合适的电烙铁，合理地使用它，是保证焊接质量的基础。

电烙铁有内热式电烙铁、外热式电烙铁、可调恒温电烙铁、吸锡电烙铁等。

（1）内热式电烙铁

图 2-10 所示为内热式电烙铁，由手柄、烙铁芯、烙铁头、电源线及插头等组成。由于烙铁芯安装在烙铁头里面，因而发热快，热利用率高，因此称为内热式电烙铁，热效可高达 85%～90%。常用规格有 20W、25W、35W、50W 等。

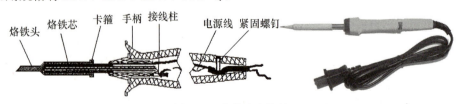

图 2-10 内热式电烙铁

（2）外热式电烙铁

外热式电烙铁如图 2-11 所示,一般由烙铁头、烙铁芯、外壳、手柄、电源线及插头等部分组成。烙铁头安装在烙铁芯内,用热传导性好的铜为基体的铜合金材料制成,由于发热的烙铁芯在烙铁头的外面,因此称为外热式电烙铁。常用规格有 25W、45W、75W、100W 等。

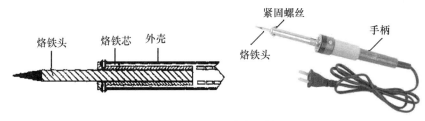

图 2-11 外热式电烙铁

（3）可调恒温电烙铁

可调恒温电烙铁是一种烙铁头温度可以控制的电烙铁,根据控制方式不同可分为电控和磁控两种,如图 2-12 所示。电控是用热电偶作为传感元件来检测和控制烙铁头的温度,磁控是采用磁芯开关和强磁体传感器来控制烙铁头温度。由于可调恒温电烙铁采用断续加热,因此具有省电、恒温、烙铁不会过热、寿命延长等优点。

（4）吸锡电烙铁

吸锡电烙铁在普通内（外）热式电烙铁上增加吸锡结构,使其具有加热和吸锡两种功能,如图 2-13 所示。它是把吸锡器与电烙铁融于一体的拆焊工具,具有使用方便、灵活、适用范围宽等特点。不足之处是每次只能对一个焊点进行拆焊。

图 2-12 可调恒温电烙铁　　　　图 2-13 吸锡电烙铁

2. 电热风枪

电热风枪是维修通信设备的重要工具之一,如图 2-14 所示。电热风枪的原理主要是利用枪芯吹出的热风来对元件进行装焊与拆焊的操作。根据电热风枪的工作原理,电热风枪控制电路的主体部分应包括温度信号放大电路、比较电路、可控硅控制电路、传感器、风控电路。另外,为了提高电路的整体性能,还应设置一些辅助电路,如温度显示电路、关机延时电路和过零检测电路等。电热风枪的主要作用是拆焊小型贴片元件和贴片集成电路。

图 2-14 电热风枪

2.2 常用电工仪表的使用

电工测量的主要任务是借助各种电工仪表，对电流、电压、电阻、电能、电功率等进行测量，以便了解和掌握电气设备的特性和运行情况，检查元器件的质量情况。常用的电工仪表有万用表、交流毫伏表、兆欧表、功率表、电度表、电流表、电压表等。

2.2.1 万用表

万用表是一种多用途、多量程仪表，一般以测量电流、电压和电阻为主，有的还可以测量电感、电容、晶体三极管的直流放大倍数等。万用表按指示方式不同，可分为指针式万用表和数字万用表两种。

1. 指针式万用表

指针式万用表型号很多，但原理基本相同，使用方法相近。指针式万用表的结构一般由表头（磁电式测量机构）、测量线路、功能与量程选择开关组成。下面以常用的 MF500B 型万用表为例说明其使用方法及注意事项，其外形如图 2-15 所示。

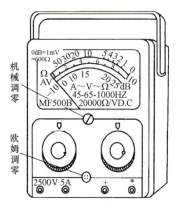

图 2-15 MF500B 万用表面板

（1）使用前的准备

万用表有红色和黑色两只表笔，使用时应分别插在表的下方标有"+"和"*"（或"-"）的两个插孔内。MF500B 型万用表有两个转换开关，用于选择测量的电量和量程，使用时应根据被测电量及其大小选择相应的挡位。在被测量大小不详时，应先选用较大的量程试测，直到选择合适量程。万用表的刻度盘上有许多标度尺，分别对应不同的测量参数和量程，测量时应在与被测电量及其量程相对应的刻度线上读数。

（2）机械调零

指针式万用表使用前先要调整机械零点。把万用表水平放置好，看指针是否指在电压刻度零点，若不指零，则应旋动机械调零旋钮，使表针指在零点上。

（3）电流的测量

测量直流电流时，将左边转换开关旋到直流电流挡"A"的位置上，再在右边转换开关选择适当的电流量程，将万用表串联到被测电路中进行测量，测量方法如图 2-16 所示。测量时注意正负极性必须正确，使电流由红表笔流入万用表，由黑表笔流出。

（4）电压的测量

测量电压时，将右边转换开关旋到电压挡"V"的位置上，再选择合适的电压量程，将万用表与被测电路并联进行测量。测量直流电压时，正负极性必须正确，红表笔应接被测电路的高电位端，黑表笔接低电位端，测量方法如图 2-17 所示。

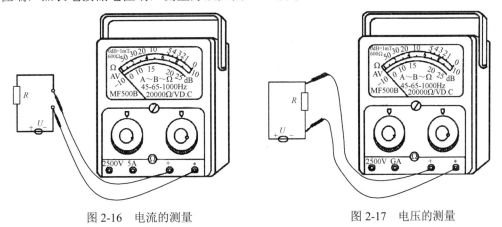

图 2-16　电流的测量　　　　　　　图 2-17　电压的测量

（5）电阻测量

1）欧姆调零

测量电阻前应先调整欧姆零点：将开关旋到欧姆挡"Ω"的位置上，再将两表笔短接，看表针是否指在欧姆零点上，若不指零，应转动欧姆调零旋钮，使指针指在零点，操作方法如图 2-18 所示。如调不到零，说明表内的电池电量不足，需要更换电池。每次更换量程后，也需要重新调节欧姆零点。

2）电阻的测量

测量电阻时用红、黑表笔接在被测电阻两端进行测量，如图 2-19 所示。为提高测量的准确度，选择量程时应使表针指在"Ω"刻度的中间位置附近为宜，测量值可由表盘"Ω"刻度线上的读数算出，即：被测电阻值=表盘读数×倍率。

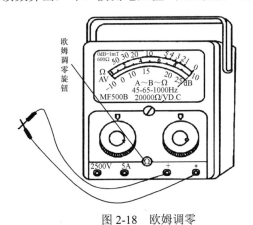

图 2-18　欧姆调零

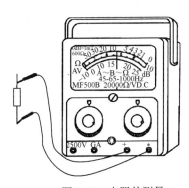

图 2-19　电阻的测量

注意：测量时不允许用两手同时触及被测电阻两端，以避免并联上人体电阻，使读数减小，造成测量错误。测量接在电路中的电阻时，需要断开电阻的一端或断开与被测电阻相并联的电路，此外还必须断开电源，即在断电的情况下测量电阻，否则会烧坏万用表。

（6）使用 MF500B 型万用表的注意事项

① 在使用万用表过程中，不能用手接触表笔的金属部分，这样一方面是保证测量准确，另一方面也是为了保障人身安全。

② 万用表在测量过程中，不能旋转转换开关；如需换挡，应先断开表笔，换挡后再测量。

③ 电阻测量必须在断电状态下进行。

④ 测量非线性器件如二极管、三极管、稳压管时，要注意两支表笔的极性，黑表笔接内部电池的正极，红表笔接内部电池的负极，一旦两表笔的极性接反，测量结果会迥然不同。

⑤ 使用完后，把转换开关旋至空挡或交流电压最高量程位置上。

⑥ 如果万用表长期不使用，应将万用表内部的电池取出来，以免电池腐蚀表内的其他器件。

2．数字万用表

数字万用表是一种将测量数值直接用数字显示出来的测试仪表，具有显示清晰直观、读数准确、分辨率高等特点。数字万用表是一种多功能测试仪表，可测量电压、电流、电阻、电容、电感、晶体管放大倍数等电参数。

数字万用表由表头、转换开关及内部测量电路 3 个部分组成。下面以 VC9808+ 为例说明数字万用表的使用。

（1）VC9000+ 操作面板

VC9808+ 操作面板如图 2-20 所示。

图 2-20　VC9808+ 操作面板

1——液晶显示器：显示仪表测量的数值。

2——REL/MAX/MIN 键：为相对测量，大于 2s 为最大值、最小值测量。

3——h_{FE} 测试插座：用于测量晶体三极管的 h_{FE} 数值大小。

4——HOLD/B/L 键：背光及功能选择键；二极管/蜂鸣器挡，触发该键为功能转换；其他挡为保持功能；触发该键大于 2s 为背光的开启与关闭。

5——POWER 键：电源开关。

6——挡位/量程选择旋钮：用于改变测量功能及量程。

7——mA 插孔：测量小于 200mA 电流及电感的插孔。

8——20A 插孔：电流测试插孔。

9——COM 插孔：公共地。

10——VΩ 插孔：电压、电阻、二极管、电容、频率、温度、"+" 输入端。

（2）电压的测量

1）直流电压的测量

先将黑表笔插入"COM"插孔，红表笔插入"VΩ"插孔，将旋钮转到比估计值大的"V"量程，接着把表笔跨接在被测线路上，保持接触良好，电压数值可以直接从显示屏上读取。若显示为"OL"，则表明量程太小，需换为大量程；如果在数值左边出现"-"，则表明表笔极性与实际电源极性相反，此时红表笔接的是负极。

2）交流电压的测量

表笔插孔与直流电压的测量一样，将旋钮转到"V～"量程，交流电压无正负之分，测量方法与直流电压相同，但输入交流电压不要超过 700V。

（3）电流的测量

1）直流电流的测量

先将旋钮转到"A"位置，再将黑表笔插入"COM"插孔。若测量大于 200mA 且小于 20A 的电流，将红表笔插入"20A"插孔并将旋钮转到直流"20A"挡；若测量小于 200mA 的电流，则要将红表笔插入"mA"插孔并将旋钮转到直流"200mA"挡以内的合适量程。测量时，将万用表串入电路中，保持稳定，即可读数。若显示为"OL"，那么就要加大量程；如果在数值左边出现"-",则表明电流从黑表笔流进万用表。

2)交流电流的测量

测量方法与直流电流的方法基本相同,但要将旋钮转到"A～"量程。

(4)电阻的测量

① 将黑表笔插入"COM"插孔,红表笔插入"VΩ"插孔。

② 将旋钮转至相应的电阻量程上,两表笔跨接在电阻两端,若显示为"OL",则说明量程小,需更换量程。被测电阻值的读取方法:直接读取数值,单位是所在量程的单位,如Ω、kΩ、MΩ。测量中不能用手同时接触电阻两端。

(5)电容的测量

将黑表笔插入"COM"插孔,红表笔插入"VΩ"插孔。将旋钮转至相应量程上,然后将表笔接在被测电容两端。注意:电容测量前需要放电。

(6)三极管 h_{FE} 的测量

将旋钮置于"h_{FE}"挡,首先确定三极管的类型(PNP或NPN),根据三极管类型将发射极E、基极B、集电极C分别插入相应插孔,表头显示三极管的直流电流放大系数。

(7)二极管的测量

将黑表笔插入"COM"插孔,红表笔插入"VΩ"插孔,将旋钮置于二极管挡;用红表笔接二极管正极,黑表笔接负极,这时会显示二极管的正向电压。调换表笔,若显示为"OL",则表示二极管正常(因为二极管反向电阻很大),否则表示此管已被击穿。

(8)频率测量

将黑表笔插入"COM"插孔,红表笔插入"VΩ"插孔,将旋钮置于频率挡上,将表笔跨接在被测负载两端。

(9)电感测量

将黑表笔插入"COM"插孔,红表笔插入"mA"插孔,这两个插孔之间标有"L_x"。将旋钮置于"mH"或"H"挡上,将表笔接在被测电感两端。

2.2.2 交流毫伏表

常用的晶体管毫伏表具有测量交流电压、电平测试、监视输出三大功能。交流电压测量范围是100nV～300V、5Hz～2MHz,分1mV、3mV、10mV、30mV、100mV、300mV、1V、3V、10V、30V、100V、300V共12挡;电平dB刻度范围是-60～+50dB。

1. 操作面板

DF2170双路交流毫伏表的操作面板如图2-21所示。

2. 使用方法

(1)开机前的准备工作

① 将通道输入端测试探头上的红、黑色鳄鱼夹短接。

② 将量程开关置于最高量程(300V)。

(2)操作步骤

① 接通220V电源,按下电源开关,电源指示灯亮,毫伏表开始工作。为了保证毫伏表的稳定性,需预热10s后使用,开机后10s内指针无规则摆动属正常。

② 将通道输入端测试探头上的红、黑鳄鱼夹断开后,与被测电路并联(红鳄鱼夹接被测电路的正端,黑鳄鱼夹接地端),观察表头指针在刻度盘上所指的位置。若指针在起始点位置基本没动,说明被测电路中的电压小,毫伏表量程选得过高,此时用递减法由高量程向低量程变换,

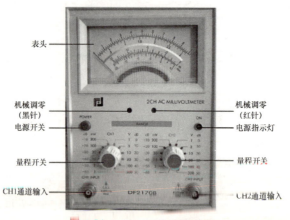

图 2-21 DF2170 交流毫伏表

直到表头指针指到满刻度的 2/3 左右即可。

③ 准确读数，表头刻度盘上共有 4 条刻度，第一条刻度和第二条刻度为测量交流电压有效值的专用刻度，第三条和第四条为测量分贝值的刻度。当量程开关分别选 1mV、10mV、100mV、1V、10V、100V 挡时，从第一条刻度读数；当量程开关分别选 3mV、30mV、300mV、3V、30V、300V 时，从第二条刻度读数。

例如，将量程开关置"1V"挡，就从第一条刻度读数。若指针指的数字在第一条刻度的"0.7"处，其实际测量值为 0.7V；若量程开关置"3V"挡，就从第二条刻度读数。若指针指在第二条刻度的"2"处，其实际测量值为 2V。量程开关选在哪个挡，比如 1V 挡，此时毫伏表可以测量外电路中电压的范围是 0～1V，满刻度的最大值也就是 1V。

当用该仪表去测量外电路中的电平值时，就从第三、四条刻度读数，读数方法是：量程数加上指针指示值，等于实际测量值。

3. 注意事项

① 仪器在通电之前，一定要将通道输入端测试探头上的红、黑色鳄鱼夹相互短接。防止仪表在通电时因外界干扰信号通过输入电缆进入电路放大后，再进入表头将表针打弯。

② 当不知被测电路的电压值大小时，必须首先将毫伏表的量程开关置最高量程，然后根据表针所指的范围，采用递减法合理选挡。

③ 若要测量高电压，输入端黑色鳄鱼夹必须接地端。

④ 测量前应短路调零。打开电源开关，将测试线的红、黑色鳄鱼夹夹在一起，将量程开关旋到 1mV 量程，指针应指在零位（有的毫伏表可通过面板上的调零电位器进行调零，凡面板无调零电位器的，内部设置的调零电位器已调好）。若指针不指在零位，应检查测试线是否断路或接触不良，应更换测试线。

⑤ 交流毫伏表灵敏度较高，打开电源后，在较低量程时由于干扰信号（感应信号）的作用，指针会发生偏转，称为自起现象。所以在不测试信号时，应将量程开关旋到较高量程挡，以防打弯指针。

⑥ 交流毫伏表接入被测电路时，其地端（黑夹子）应始终接在电路的地上（成为公共接地），以防干扰。

⑦ 交流毫伏表只能用来测量正弦交流信号的有效值，若测量非正弦交流信号，则要经过换算。

2.2.3 数字电桥

数字电桥可用于电感 L、电容 C、电阻 R 的精确测量，并能同时测量品质因数 Q、损耗角正切值 D。

1. 操作面板

HG2810B 型 LCR 数字电桥操作面板如图 2-22 所示。

1——电源开关：控制仪器电源的开或关。

2——主参数指示：3 只 LED 指示灯，指示当前测量主参数 L、C、R。

3——主参数显示：5 位 LED 数码管，用于显示 L、C、R 参数值。

4——主参数单位显示：3 只 LED 指示灯，显示当前测量主参数单位（如 pF、nF、μF 等）。

5——副参数显示：4 位 LED 数码管，用于显示 D 或 Q 值。

6——副参数指示：2 只 LED 指示灯，指示当前测量副参数（D、Q）。

7——速度键：快速 8 次/秒，慢速 4 次/秒，低速 2 次/秒。

8——等效键：设定仪器测量时的等效电路，有串联和并联两种。

9——锁定键：按键指示灯亮时（ON），选定量程锁定，在元件批量测试时，可提高测试速度。指示灯灭时，为量程选择自动。

10——清 0 键：按键指示灯亮时（ON），表示已对仪器进行清 0 操作；指示灯灭时，表示不对仪器进行清 0 操作。

11——参数键：按键进行主参数选择（L、C 或 R）。

12——频率键：按键选择设定施加于被测元件上的测试信号频率（100Hz、1kHz 或 10kHz），由 3 只 LED 指示灯进行指示。

13——测试端：HD、HS、LS、LD 测试信号端。

14——接地端：用于被测元件的屏蔽地。

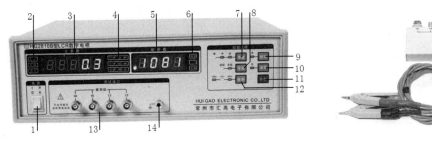

（a）操作面板　　　　　　　　　　　　　　（b）夹具

图 2-22　HG2810B 型 LCR 数字电桥

2. 操作步骤

① 插上电源插头，将电源开关按至开状态。开机后，仪器功能指示于上次设定状态，预热 10 分钟，待仪器内部达到热平衡后，进行正常测试。

② 测试参数选择，使用参数键选择 L、C、R，单位如下：

L——μH、mH、H（连带测试器件 Q 值）；

C——pF、nF、μF（连带测试器件 D 值）；

R——Ω、kΩ、MΩ（连带测器件间 Q 值）。

③ 使用时应根据被测元件的测试标准或使用要求按频率键，选择相应的测量频率，可选择 100Hz、1kHz、10kHz 这 3 个频率。

④ 选择设置好测试参数、测试频率后，用测试电缆夹头夹住被测元件引脚，待显示屏参数值稳定后，读取并记录。

⑤ 清 0 功能。仪器清 0 包括两种清 0 校准，即短路清 0 和开路清 0。测电容时，先将夹具或电缆开路，按清 0 键使"ON"灯亮；测电阻、电感时，用粗、短裸体导线短路测试夹具，按

清 0 键使"ON"灯亮。如果需要重新清 0，则按清 0 键，使"ON"灯熄灭，再按清 0 键，使"ON"灯点亮，即完成了再次清 0。

⑥ 等效电路。用等效键选择合适的等效测量电路。一般情况下，对于低值阻抗元件（通常是高值电容和低值电感）使用串联等效电路；对于高值阻抗元件（通常是低值电容和高值电感）使用并联等效电路。同时，也需根据元件的实际使用情况来决定其等效电路，如对电容器，用于电源滤波时应使用串联等效电路，而用于 LC 振荡电路时应使用并联等效电路。

⑦ 选择量程方式。有两种量程方式，分别是自动或锁定，按锁定键进行选择。本仪器共分 5 个量程，不同量程决定了不同的测量范围，所有量程构成了仪器完整的测试范围。当量程处于自动状态时，仪器根据测量的数据自动选择最佳的量程，此时，最多可能需 3 次选择才能完成最终的测量。当量程处于锁定状态时，仪器不进行量程选择，在当前锁定的量程上完成测量，提高了测量速度，通常对一批相同的元件测量时，选择量程锁定。设定时，先将被测元件插入测试夹具，待数据稳定后，按锁定键，锁定指示灯"ON"点亮，则完成锁定设置。

2.2.4 钳形电流表

钳形电流表又称钳形表，是一种用于测量正在运行的电气线路中电流大小的仪表，是电工常用的测量工具。钳形电流表分为钳形交流电流表和钳形交直流表两大类，有的还可以测量交流电压。

1. 钳形电流表的结构和工作原理

钳形交流电流表实质上由一只电流互感器和一只整流系仪表所组成，被测量的载流导线相当于电流互感器的初级绕组，铁芯上的导线是电流互感器的次级绕组，次级绕组与整流系仪表接通。根据电流互感器初级、次级绕组间一定的变比关系，整流系仪表便可以显示出被测量线路的电流值。

2. 钳形电流表的使用方法

钳形电流表的使用方法简单，如图 2-23 所示，测量电流时只需要将正在运行的待测导线夹入钳形电流表的活动铁芯内，然后读取数显屏或指示盘上的读数即可。

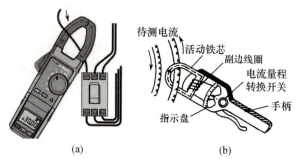

图 2-23 钳形电流表的外形及使用方法

3. 使用钳形电流表的注意事项

① 选择合适的量程挡，不可以用小量程挡测量大电流。如果被测电流（5A 以下）较小，可将载流导线多绕几个圈放入钳口进行测量，但是应将读数除以绕线圈数后才是实际的电流值。测量完毕后，要将电流量程转换开关放在最大量程挡位置（或关闭位置），以便下次安全使用。

② 不要在测量过程中切换量程挡。

③ 电路上的电压要低于钳形电流表的额定值，不可用钳形电流表去测量高压电路的电流，否则，容易造成事故或引起触电危险。

2.2.5 兆欧表

兆欧表又称摇表或绝缘电阻测定仪,是一种专门用来测量绝缘电阻的便携式仪表,应用十分广泛。如图 2-24 所示。

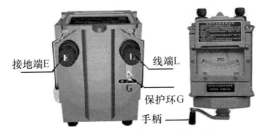

图 2-24 兆欧表的外形及接线柱

1. 兆欧表的选用

兆欧表的选择主要考虑两个方面:电压等级和测量范围。常用兆欧表规格有 250V、500V、1000V、2500V、5000V。测量额定电压在 500V 以下的设备或线路的绝缘电阻时,可选用 500V 或 1000V 的兆欧表;测量额定电压在 500V 以上的设备或线路的绝缘电阻时,可选用 1000～2500V 的兆欧表;而对绝缘子、母线、隔离开关等的测量,可选用 2500～5000V 的兆欧表。

2. 兆欧表的使用操作步骤

(1) 使用前的检查

① 检查兆欧表是否正常。短路实验:将兆欧表水平放置,摇动手柄,使发电机达到额定转速,将输出端两接线柱(L 和 E)瞬时短接,兆欧表指针在短路时应指在"0"位置。开路实验:将兆欧表水平放置,摇动手柄,使发电机达到额定转速,两接线柱开路,此时指针应指到"∞"位置。如图 2-25 所示。

② 检查被测设备或线路,看是否已经切断电源。为保证人身和设备安全,绝对不允许带电测量。

③ 由于被测设备或线路中可能存在电容放电,会危及人身安全和损坏测量仪表,测量前应对线路和电气设备进行对地放电,这样做同时也可以减小测量误差。

④ 被测设备或线路表面要清洁,减少接触电阻,确保测量结果的准确性。

(2) 使用方法

① 将兆欧表水平放置在平稳牢固的地方,避免因抖动和倾斜所产生的测量误差;同时要远离外电流导体和外磁场。

② 正确连接线路。

兆欧表有 3 个接线柱:L(线端)、E(接地端)和 G(屏蔽端或保护环)。其中,保护环的作用是消除表壳表面 L 与 E 接线柱间的漏电和被测绝缘物表面漏电的影响。测量电气设备的对地绝缘电阻时:L 用单根导线接设备的待测部位(导体部分),E 用单根导线接设备外壳或大地。例如,测量线路绝缘电阻时:L 与被测端相连,E 与地相连,如图 2-26 所示;测量电动机的对地绝缘电阻时:电动机绕组与 L 相连,机壳与 E 相连,如图 2-27 所示。测量电气设备内部绕组间的绝缘电阻时:L 和 E 分别接两绕组的接线端。例如,测量电动机绕组间的绝缘性能时,将 L 和 E 分别接电动机的两绕组,如图 2-28 所示。

③ 测量读数。测量时匀速转动手柄,保持 120r/min 的转速 1 分钟,待指针稳定后即可读数。

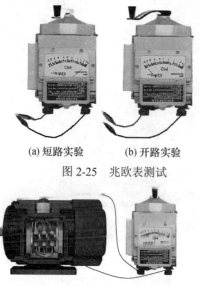

(a) 短路实验　　(b) 开路实验

图 2-25　兆欧表测试

图 2-26　测量线路绝缘电阻

图 2-27　测电动机绝缘电阻　　　　图 2-28　测电动机绕组间绝缘电阻

3. 注意事项

① 仪表与被测设备或线路间的导线要采用绝缘良好的多股铜芯单根软线，而不能用双股绝缘线或绞线，且连接线不得绞在一起，以免造成测量数据不准确。

② 手摇发电机要保持匀速，控制在 120r/min 左右，允许有 ±20% 的变化，但不得超过 25%。通常在摇动 1 分钟后，待指针稳定下来再读数。若被测电路中有电容，摇动时间要长一些，待电容充电完成，指针稳定下来再读数。

③ 测量过程中，若发现指针位于零，说明被测设备或线路的绝缘层可能击穿短路，此时应立即停止摇动手柄，以防表内线圈过热而烧坏。

④ 测量具有大电容的设备时，读数后不得立即停止摇动手柄，否则已充电的电容将对兆欧表放电，有可能烧坏仪表。兆欧表未停止转动前，切勿用手触及设备的测量部分或兆欧表的接线柱。测量完毕应对设备充分放电，避免触电事故。禁止在雷电时或附近有高压导体的设备上测量绝缘电阻。兆欧表应定期校验，检查其测量误差是否在测量范围内。

2.2.6　功率表

功率表又称瓦特表，是测量电功率的仪表。它既可以测量直流功率，又可以测量交流功率，而且接线和读数的方法完全相同。电功率包括有功功率、无功功率和视在功率。未特殊说明时，功率表一般是指测量有功功率的仪表。

1. 功率表的结构和工作原理

功率由电路中的电压和电流决定，因此用来测量电功率的仪表必须具有两个线圈，一个用来反映电压，一个用来反映电流，如图 2-29 所示。其固定线圈导线较粗、匝数较少，称为电流线圈；其可动线圈导线较细、匝数较多，并串联有一定的分压电阻，称为电压线圈。测量时电流线圈要与被测电路相串联，电压线圈要与被测电路相并联。

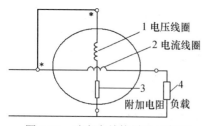

图 2-29　功率表结构原理示意图

2．功率表的选择

（1）功率表类型选择

测直流或单相负荷的功率可用单相功率表，测三相负荷的功率可用单相功率表或三相功率表。

（2）功率表量程选择

选择功率表的量程就是选择功率表中的电流量程和电压量程。应使功率表中的电流量程不小于负载电流，电压量程不低于负载电压，而不能仅从功率量程来考虑。例如两只功率表，量程分别为1A、300V和2A、150V，由计算可知其功率量程均为300W，如果负载电压为220V、电流为1A，应选用1A、300V的功率表，而2A、150V的功率表虽然功率量程也大于负载功率，但是由于负载电压高于功率表所能承受的电压150V，因此不能使用。所以，在测量功率前要根据负载的额定电压和额定电流来选择功率表的量程。

3．正确连接功率表测量线路

电动系测量机构的转动力矩方向和两线圈中的电流方向有关，为了防止电动系功率表的指针反偏，功率表接线时应遵循"同名端"原则。接线时，功率表电流线圈标有"*"号的端钮必须接到电源的正极端，而电流线圈的另一端则与负载相连，电流线圈以串联形式接入电路中；功率表电压线圈标有"*"号的端钮可以接到电流端钮的任一端上，而另一电压端钮则跨接到负载的另一端。当负载电阻远远大于电流线圈的电阻时，应采用电压线圈前接法。这时电压线圈的电压是负载电压和电流线圈电压之和，功率表测量的是负载功率和电流线圈功率之和。因为负载电阻远远大于电流线圈的电阻，所以可以略去电流线圈分压所造成的影响，测量结果比较接近负载的实际功率值。若负载电阻远远小于电压线圈的电阻，应采用电压线圈后接法。这时电压线圈两端的电压虽然等于负载电压，但电流线圈中的电流却等于负载电流与功率表电压线圈中的电流之和，测量时功率表的读数为负载功率与电压线圈功率之和。由于此时负载电阻远小于电压线圈的电阻，因此电压线圈的分流作用大大减小，对测量结果的影响也可以大为减小。如果被测负载本身功率较大，可以不考虑功率表本身的功率对测量结果的影响，则两种接法可以任意选择。但最好选用电压线圈前接法，因为功率表中电流线圈的功率一般都小于电压线圈的功率。

4．正确读数

一般安装式功率表为直读单量程式，表上的示数即为功率数。但便携式功率表一般为多量程式，在表的标度尺上不直接标注示数，只标注分格。在选用不同的电流与电压量程时，每一分格都可以表示不同的功率数。在读数时，应先根据所选的电压量程、电流量程及标度尺满量程时的格数，求出每格瓦数（又称功率表常数），然后再乘以指针偏转的格数，就可得到所测功率。图 2-30 所示为多量程功率表的外形图及内部接线图。

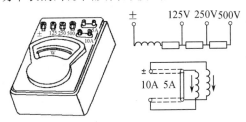

图 2-30　功率表外形及内部接线图

2.2.7　电度表

电度表又称电能表，是用来测量负载消耗电能的仪表。

1．正确选择电度表

为了选择符合测量要求的电度表，一般要考虑两个方面。首先，根据被测电路是三相负载还是单相负载，选用三相或单相电度表；通常，单相供电用户选用单相电度表，三相供电用户选用三相电度表。测量三相三线制供电系统的有功电能时，应选用三相两元件有功电度表；测量三相四线制供电系统的有功电能时，应选用三相三元件有功电度表。其次，根据负载的电压、电流值，选择相应额定电压和额定电流的电度表。选用的原则是：电度表的额定电压、额定电流要等于或大于负载的电压和电流。单相电度表的额定电压多为220V，适用于单相220V供电系统，三相电度表的额定电压一般为380V、380/220V和100V三种。其中380V适用于三相三线制系统，380/220V适用于三相四线制系统，100V则接于电压互感器的二次侧使用，用来测量高压输电、配电系统的电能。电度表的额定电流有1A、1.5A、2A、5A、…、100A等，可根据负载电流大小进行选择。

2．电度表的接线

按接线方式不同，电度表又可分为直接式和间接式两种。其中，直接式三相电度表常用规格有10A、20A、30A、50A、75A、100A等多种，一般用于电流较小的电路中；间接式三相电度表常用的规格为5A，与电流互感器连接后，用于电流较大的电路中。下面以直接式电度表的接线为例进行说明。

（1）单相电度表的接线

单相电度表共有4个接线柱，从左到右按1、2、3、4编号。接线方法一般按号码1、3接电源进线，2、4接出线。也有的电度表按号码1、4接电源进线，3、5接出线。具体的接法应参照电度表接线柱盖子上的接线图。如图2-31所示。

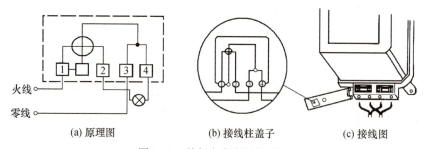

图2-31 单相电度表的接线图

（2）三相电度表的接线

1）三相四线制电度表的接线

三相四线制电度表共有11个接线柱，从左到右按1~11编号，其中1、4、7是电源相线的进线柱，3、6、9是相线的出线柱；10、11分别是电源中性线的进线柱和出线柱；1和2、4和5、7和8接线柱用连接片短接。如图2-32所示。

2）三相三线制电度表的接线

三相三线制电度表共有8个接线柱，从左到右按1~8编号，其中1、4、6是电源相线的进线柱；3、5、8是相线的出线柱；1和2、6和7接线柱用连接片短接。如图2-33所示。

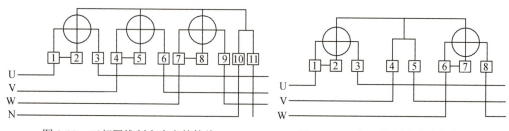

图2-32 三相四线制电度表的接线　　　　图2-33 三相三线制电度表的接线

2.3 常用电子仪器的使用

2.3.1 直流稳压电源

直流稳压电源的种类很多，但是它们的结构、工作原理及使用方法等大体相同。下面以 MPS-3003L-3 型直流稳压电源为例，介绍其主要性能及使用方法。

MPS-3003L-3 型直流稳压电源是一种具有输出电压和输出电流均连续可调、稳压与稳流自动转换的高稳定性、高可靠性的多路直流稳压稳流电源。两路可调电源可以串联或并联使用，并有一路主电源进行电压或电流跟踪。串联时最高输出电压可达两路电压额定值之和，并联时最大输出电流可达两路电流额定值之和。主要技术指标如下：

① 输入电压：220VAC±10%，50Hz。
② 输出双路电压：0～30V，额定输出电流 3A。
③ 5V 固定输出电源，最大额定输出电流 3A。

MPS-3003L-3 型直流稳压电源面板如图 2-34 所示。

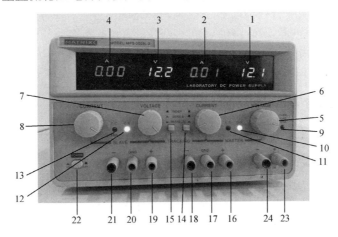

图 2-34 MPS-3003L-3 型直流稳压电源面板

1. 面板使用说明

1—主电源电压值；2—主电源电流值；3—从电源电压值；4—从电源电流值；5—主电源输出电压调节旋钮；6—主电源输出电流调节旋钮；7—从电源输出电压调节旋钮；8—从电源输出电流调节旋钮；9—固定 5V 输出报警指示灯；10—主电源稳压状态指示灯；11—主电源稳流状态指示灯；12—从电源稳压状态指示灯；13—从电源稳流状态指示灯；14，15—双路电源独立、串联、并联控制开关；16—主电源输出正端；17—机壳地；18—主电源输出负端；19—从电源输出正端；20—机壳地；21—从电源输出负端；22—电源开关；23—固定 5V 输出正端；24—固定 5V 输出负端。

2. 使用方法

（1）双路可调电源独立使用

① 将控制开关 14 和 15 分别置于弹起位置，使主、从电源独立输出各自的电压。

② 作为稳压电源使用时，先将旋钮 6 和 8 顺时针调到最大位置，此时每组电源能够提供的最大负载电流为 3A。

③ 接通电源，分别调节旋钮 5 和 7，使主、从电源的输出电压各自调至需要的值即可。每路最大输出电压可调到 30V。

（2）输出正、负电压

① 将控制开关 14 和 15 分别置于弹起位置，使主、从电源独立输出各自的电压。

② 先将旋钮 6 和 8 顺时针调到最大位置，此时每组电源能够提供的最大负载电流为 3A。

③ 短接 18 和 19 两个接线端，并将这两端作为零电位参考点"地"端。此时主电源 16 端为正电压输出端，从电源 21 端为负电压输出端。

④ 接通电源，分别调节旋钮 5 和 7，使主、从电源的输出电压各自调至需要的值即可。每路最大输出电压可调到 30V。

（3）双路可调电源串联使用

① 将控制开关 14 置于弹起位置，按下控制开关 15。

② 先将旋钮 6 和 8 顺时针调到最大位置，此时每组电源能够提供的最大负载电流为 3A。

③ 接通电源，调节旋钮 5，从电源的输出电压将跟踪主电源的输出电压，16 端与 21 端之间的输出电压为两路电压相加之和，最高可达 60V。

（4）双路可调电源并联使用

① 将控制开关 14 和 15 分别置于按下位置，两路输出处于并联状态。

② 接通电源，调节旋钮 5，两路输出电压变化一致，从电源的稳流指示灯 13 亮。

③ 并联状态时，从电源的电流调节旋钮 8 不起作用，只需调节旋钮 6，能使两路电流同时受控，其输出电流为两路电流相加，最大输出电流可达两路额定值之和。

2.3.2 SP1642B 函数信号发生器/计数器

1．主要技术指标

① 主函数输出频率：0.1Hz～3MHz 按十进制分类，共分 8 挡，每挡均以频率微调电位器进行频率调节。

② 输出信号阻抗：函数输出 50Ω；TTL 同步输出 600Ω。

③ 输出信号波形：函数输出（对称或非对称输出）正弦波、三角波、方波，TTL 同步输出方波。

④ 输出信号幅度：函数输出，不衰减：（1Vp-p～20Vp-p）±10%，连续可调；衰减 20dB：（0.1Vp-p～2Vp-p）±10%，连续可调；衰减 40dB：（10mVp-p～200mVp-p）±10%，连续可调；衰减 60dB：（1mVp-p～20mVp-p）±10%，连续可调。

⑤ 函数输出信号的直流电平调节范围：（-5～+5V）±10%（50Ω负载）。

⑥ 计数器测量频率范围：0.1Hz～50MHz。

⑦ 计数器测量信号的输入电压范围：30mV～2V（1Hz～50MHz），150mV～2V（0.1Hz～1Hz）。

⑧ 计数器测量波形：正弦波、方波。

2．面板说明

SP1642B 函数信号发生器/计数器的面板如图 2-35 所示。

1——频率显示窗口：显示输出信号的频率或外测频信号的频率。

2——幅度显示窗口：显示函数输出信号的幅度。

3——扫描宽度调节旋钮：调节扫频输出的频率范围。在外测频时，逆时针旋到底（绿灯亮），为外输入测量信号经过低通开关进入测量系统。

4——扫描速率调节旋钮：改变内扫描的时间长短。在外测频时，逆时针旋到底（绿灯亮），为外输入测量信号经过衰减"20dB"进入测量系统。

5——扫描/计数输入端：当"扫描/计数"按钮选择在外扫描状态或外测频时，外扫描控制信号或外测频信号由此输入。

6——点频输出端：输出标准正弦波100Hz信号，输出幅度$2V_{p\text{-}p}$。

7——函数信号输出端：输出多种波形受控的函数信号，输出幅度$20V_{p\text{-}p}$（1MΩ负载），$10V_{p\text{-}p}$（50Ω负载）。

8——函数信号输出幅度调节旋钮：调节范围20dB。

9——函数输出信号的直流电平调节旋钮：调节范围为-5～+5V（50Ω负载），-10～+10V（1MΩ负载）。当电位器处在关位置时，则为0电平。

10——输出波形对称性调节旋钮：可改变输出信号的对称性。当电位器处在关位置时，则输出对称信号。

11——函数信号输出幅度衰减开关："20dB""40dB"键均不按下，输出信号不经衰减，直接输出到插座口；"20dB""40dB"键分别按下，则可选择20dB或40dB衰减；"20dB""40dB"同时按下时，为60dB衰减。

12——函数输出波形选择按钮：可选择正弦波、三角波、脉冲波输出。

13——"扫描/计数"按钮：可选择多种扫描方式和外测频方式。

14——倍率选择按钮：每按一次按钮，可递减输出频率的1个频段。

15——倍率选择按钮：每按一次按钮，可递增输出频率的1个频段。

16——频率微调旋钮：可微调输出信号的频率，调节基数范围为从小于0.1到大于1。

17——整机电源开关。

18——电源插座：交流市电220V输入插座，内置熔断器的容量为0.5A。

19——TTL/CMOS电平调节旋钮：调节旋钮，"关"为TTL电平，打开则为CMOS电平，输出幅度可从5V调节到15V。

20——TTL/CMOS输出插座。

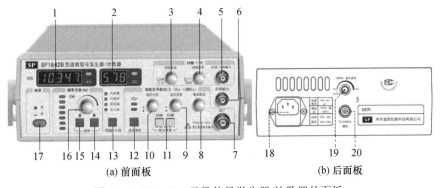

图2-35 SP1642B函数信号发生器/计数器的面板

3．使用方法

（1）自校正检查

在使用该仪器进行测试工作之前，要对其进行自校正检查，以确定仪器工作是否正常。

按下电源开关17→按下按钮14或15，调节旋钮16→显示频率变化→调节旋钮8→显示幅度变化→按下按钮12→显示输出波形变化→选择扫描方式"内"→扫描输出→仪器工作正常。

（2）50Ω主函数信号输出

① 连接电缆：将50Ω匹配器的测试电缆连接到函数信号输出端7→输出函数信号。

② 频率选择：按下电源开关 17→按下按钮 14 或 15，选定输出信号频段→调节频率微调旋钮 16 可得到所需工作频率。
③ 波形选择：按动函数波形选择按钮 12，可得所需波形（正弦波、三角波、脉冲波）。
④ 幅度选择：通过函数信号输出幅度衰减开关 11 和调节旋钮 8 可调节输出信号幅度。
⑤ 电平设定：由旋钮 9 选定输出信号所携带直流电平。
⑥ 对称调节：输出波形对称性调节旋钮 10 可以改变输出脉冲信号的占空比，可将三角波调为锯齿波，正弦波调为正负半周不同角频率的正弦波形，且可移相 180°。

（3）点频信号输出
由点频输出端 6 连接测试电缆（终端不加 50Ω 匹配器）输出标准正弦波信号，频率为 100Hz，幅度 $2V_{p-p}$（中心电平为 0）。

（4）内扫描信号输出
"扫描/计数"按钮 13 选定为内扫描方式，分别调节扫描宽度调节旋钮 3 和扫描速率调节旋钮 4，可获得所需扫描信号输出；函数信号输出端 7 和 TTL/CMOS 输出插座 20 均输出相应的内扫描的扫频信号。

（5）外扫描信号输入
"扫描/计数"按钮 13 选定为外扫描方式，由扫描/计数输入端 5 输入相应的控制信号，可得相应的受控扫描信号。

（6）外测频功能检查
"扫描/计数"按钮 13 选定为外计数方式，将函数信号输入扫描/计数输入端 5，观察显示频率应与内测量时相同。

2.3.3　DS5062C 数字存储示波器

1. DS5062C 数字存储示波器面板

DS5062C 数字存储示波器面板说明如图 2-36 所示。1—电源开关；2—MENU（软件菜单区）；3—RUN CONTROL（运行控制区）；4—菜单操作键；5—VERTICAL（垂直控制区）；6—模拟通道输入；7—HORIZONTAL（水平控制区）；8—探头补偿器；9—TRIGGER（触发控制区）；10—外触发输入；11—液晶显示区。

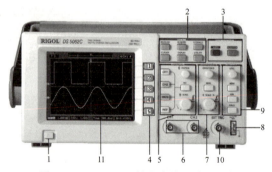

图 2-36　DS5062C 数字存储示波器面板

2. DS5062C 数字存储示波器的使用

（1）功能检查
① 接通电源，按下 STORAGE 按钮，用菜单操作键从菜单区选择存储类型。
② 检查通道 CH1：首先将示波器探头接入通道 CH1，再把示波器探头端部和接地夹接到探头补偿器的连接器上，探头开关设定为×10，按垂直控制区的功能键 CH1，此时液晶显示区

会显示通道 CH1 的操作菜单，按 3 号菜单操作键选择×10 衰减系数，按下 AUTO 按钮，在显示屏上显示方波（1kHz，3V，峰-峰值）。

③ 检查通道 CH2：按 OFF 按钮关闭通道 CH1，按 CH2 功能键打开通道 CH2，重复检查 CH1 的步骤。

（2）探头补偿

① 将探头菜单衰减系数设定为×10，将探头上的开关设定为×10，并将示波器探头与通道 CH1 连接。将探头端部与探头补偿器的信号输出连接器相连，基准导线夹与探头补偿器的地线连接器相连，打开通道 CH1，然后按下 AUTO 按钮，在显示屏上应显示方波的波形。

② 检查所显示波形的形状。

③ 如果显示屏上显示的不是补偿正确的波形，可用非金属质地的改锥调整探头上的可变电容，直到屏幕上显示如图 2-37（b）所示的波形。

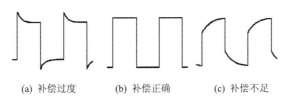

(a) 补偿过度　　(b) 补偿正确　　(c) 补偿不足

图 2-37　示波器可能显示的 3 种波形

（3）自动设置

DS5062C 数字存储示波器具有自动设置的功能。根据输入的信号，可自动调整电压倍率、时基及触发方式至最好状态显示。应用自动设置功能，要求被测信号的频率大于或等于 50Hz，占空比大于 1%。具体操作是按下 AUTO 按钮。

（4）垂直控制区（VERTICAL）

在垂直控制区有 5 个按钮和 2 个旋钮（见图 2-38）。垂直 POSITION 旋钮用于调整波形垂直方向上的移动。旋转垂直 SCALE 旋钮，改变 V/div（伏/格）垂直挡位。按钮 CH1、CH2 分别进行通道 CH1、通道 CH2 的选择，MATH 为数学运算，REF 为参考波形，OFF 则关闭菜单或关闭当前选择通道。

（5）水平控制区（HORIZONTAL）

在水平控制区有 1 个按钮和 2 个旋钮（见图 2-39）。水平 SCALE 旋钮用于改变 s/div（秒/格）水平挡位，旋钮 POSITION 调整信号在波形窗口内的水平位置。按钮 MENU 显示 TIME 菜单。在这个菜单下，可以开启/关闭延迟扫描或切换 Y-T、X-Y 显示模式，也可以设置水平 POSITION 旋钮的触发位移或触发释抑模式（触发释抑是指暂时将示波器的触发电路封闭一段时间，即释抑时间，在这段时间内，即使有满足触发条件的信号波形点，示波器也不会触发。触发释抑是为了稳定显示波形而设置的功能）。

（6）触发控制区（TRIGGER）

在触发控制区有 1 个旋钮和 3 个按钮（见图 2-40）。LEVEL 旋钮用于改变触发电平设置。转动该旋钮，可以看到屏幕上出现一条橘红色的触发线和触发标志，触发线随旋钮转动而上下移动，在触发线移动的同时还可以观察到屏幕上触发电平（百分比显示）的数值发生了变化。MENU 按钮用于调出触发操作菜单，改变触发位置。50%按钮用于设定触发电平在触发信号幅值的中间位置。FORCE 按钮用于强制产生一触发信号，主要应用于触发方式中的普通和单次模式。

（7）软件菜单区（MENU）（见图 2-41）

① 按下 ACQUIRE 按钮，通过菜单操作键进行采样设置：获取方式（普通、平均、模拟、峰

值检测），采样方式（实时采样、等效采样、平均次数（2、4、…、256），混淆抑制（关闭、打开）。

② 按下DISPLAY按钮，通过菜单操作键调整显示方式：显示类型（矢量、点），屏幕网格（打开背景网格及坐标、关闭背景网格、关闭背景网格及坐标），对比度（增强、减弱），波形保持（关闭、打开），菜单保持（1s、2s、5s、10s、20s、无限），屏幕（普通、反相）。

③ 按下STORAGE按钮，通过菜单操作键进行存储/调出波形或设置：存储类型（波形存储、出厂设置、设置存储），波形（波形存储位置NO.1、NO.2、…、NO.10），调出（调出已保存的波形、设置、出厂设置），保存（保存当前波形、设置到指定位置）。

④ 按下MEASURE按钮，系统显示自动测量操作菜单，包括峰-峰值、最大值、最小值、顶端值、底端值、幅值、平均值、均方根值、过冲、顶冲、频率、周期、上升时间、下降时间、正占空比、负占空比、信号在上升沿处的延迟时间、信号在下降沿处的延迟时间、正脉宽、负脉宽的测量，共10种电压测量和10种时间测量。

操作步骤如下：
● 选择被测信号通道：按下 MEASURE 按钮→信源选择→CH1 或 CH2。
● 按5号菜单操作键→设置"全部测量"为打开，18种测量参数值显示于屏幕中央。
● 按2号或3号菜单操作键选择测量类型，在屏幕下方读取需要的测量数据。

⑤ CURSOR 按钮为光标测量功能按钮，光标模式允许用户通过移动光标进行测量。光标测量分为3种模式：手动方式、追踪方式、自动测量方式。

（8）运行控制区（RUN CONTROL）（见图2-42）

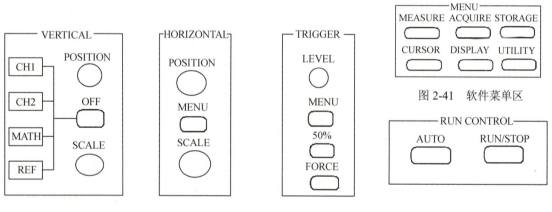

图2-38 垂直控制区　　图2-39 水平控制区　　图2-40 触发控制区　　图2-41 软件菜单区　　图2-42 运行控制区

① AUTO按钮（自动设置）：自动设定仪器各项控制值，以产生适宜观察的波形。按下AUTO按钮后，示波器将快速设置和测量信号。自动设定功能项目见表2-1。

表2-1 自动设定功能项目

功　能	设　定	功　能	设　定
显示方式	Y-T	水平位置	居中
采样方式	等效采样	水平"s/div"	调节至适当挡位
获取方式	普通	触发类型	边沿
垂直耦合	根据信号调整到交流或直流	触发信号源	自动检测到有信号输入的通道
垂直"V/div"	调节至适当挡位	触发耦合	直流
垂直挡位调节	粗调	触发电平	中点设定
带宽限制	关闭（满带宽）	触发方式	自动
信号反相	关闭		

② RUN/STOP 按钮（运行/停止）：运行和停止波形采样。

3．DS5062C 数字存储示波器的使用练习

（1）自动测量信号的电压参数

① 在通道 CH1 接入校正信号。

② 按下 MEASURE 按钮，显示自动测量菜单。

③ 选择相应的信源 CH1。

④ 选择测量类型：在电压测量类型下，可以进行峰-峰值、最大值、最小值、平均值、幅值、顶端值、底端值、均方根值、过冲、预冲的自动测量。

提示：电压测量分 3 页，屏幕下方最多可同时显示 3 个数据，当显示已满时，新的测量结果会导致原显示左移，从而将原屏幕最左侧的数据挤出屏幕之外。按下相应的测量参数，在屏幕的下方就会有显示。

（2）自动测量信号的时间参数

① 在通道 CH1 接入校正信号。

② 按下 MEASURE 按钮，以显示自动测量菜单。

③ 选择相应的信源 CH1。

④ 选择测量类型：在时间测量类型下，可以进行频率、周期、上升时间、下降时间、正脉宽、负脉宽、正占空比、负占空比、延迟 1-2 上升沿、延迟 1-2 下降沿的测量。

提示：时间测量分 3 页，按下相应的测量参数，在屏幕的下方就会有显示。延迟 1-2 上升沿是指测量信号在上升沿处的延迟时间，同样，延迟 1-2 下降沿是指测量信号在下降沿处的延迟时间。若显示的数据为"*****"，表明在当前的设置下此参数不可测，或显示的信号超出屏幕之外，需手动调整垂直或水平挡位，直到波形显示符合要求。

（3）用光标手动测量信号的电压参数

① 接入被测信号，并稳定显示。

② 按下 CURSOR 按钮选择光标模式为手动。

③ 根据被测信号接入的通道选择相应的信源。

④ 选择光标类型为电压。

⑤ 移动光标可以调整光标间的增量。

⑥ 屏幕显示光标 A、B 的电位值及光标 A、B 间的电压值。

提示：电压光标是指定位在待测电压参数波形某一位置的两条水平线，用来测量垂直方向上的参数，示波器显示每一光标相对于接地的数据，以及两光标间的电压值。旋转垂直 POSITION 旋钮，使光标 A 上下移动；旋转水平控制区的 POSITION 旋钮，使光标 B 上下移动。

（4）用光标手动测量信号的时间参数

① 接入被测信号并稳定显示。

② 按下 CURSOR 按钮选择光标模式为手动。

③ 根据被测信号接入的通道选择相应的信号源。

④ 选择光标类型为时间。

⑤ 移动光标可以改变光标间的增量。

⑥ 屏幕显示光标 A、B 的时间值及光标 A、B 间的时间值。

提示：时间光标是指定位在待测时间参数波形某一位置的两条垂直线，用来测量水平方向上的参数，示波器根据屏幕水平中心点和这两条直线之间的时间值来显示每个光标的值，以秒为单位。旋转垂直控制区的 POSITION 旋钮，使光标 A 左右移动；旋转水平控制区的 POSITION

旋钮,使光标 B 左右移动。

(5) 观察两个不同频率的信号

① 设置探头和示波器通道的探头衰减系数为相同。

② 将示波器通道 CH1、CH2 分别与两不同频率的信号相连。

③ 按下 AUTO 按钮。

④ 调整水平、垂直挡位直至波形显示满足测试要求。

⑤ 按下 CH1 按钮,选通道 CH1,旋转垂直控制区的垂直 POSITION 旋钮,调整通道 CH1 波形的垂直位置。

⑥ 按下 CH2 按钮,选通道 CH2,调整通道 CH2 波形的垂直位置,使通道 1、2 的波形既不重叠在一起,又利于观察比较。

提示:双踪显示时,可采用单次触发,得到稳定的波形,触发源选择长周期信号,或是幅度稍大、信号稳定的那一路。

2.4 常用电工仪器仪表实训项目

实训项目 1　常用电工仪表的使用

【实训目标】

(1) 掌握电工测量的基本方法。

(2) 能正确使用电工仪表进行测量。

【知识要点】

(1) 根据被测量选择正确的测量仪表,采用正确的测量方法。

(2) 各种电工仪表的安全操作步骤。

(3) 电工仪表使用时的注意事项。

【实训步骤】

1. 准备器材

根据表 2-2 准备实训工具、仪表和器材。

表 2-2　工具、仪表和器材

工具	测电笔、螺钉旋具(一字形、十字形)、尖嘴钳、斜口钳、剥线钳等电工工具各一件
仪表	数字万用表、兆欧表、单相电度表、三相电度表、钳形电流表各一块
器材	实验台(有三相四线制电源)1 套、三相异步电动机 1 台、三相断路器 1 只、熔断器 3 只、白炽灯 1 只、接线电路板 1 块、导线若干

2. 元器件检查

(1) 外观检查

仪表、器材的技术参数是否符合要求,外观应无损伤;运动部件动作是否灵活、有无卡阻等不正常现象。

(2) 万用表测试检查

① 将黑表笔插入"COM"插孔,红表笔插入"VΩ"插孔。

② 将量程开关旋转至相应的电阻量程上,测量白炽灯的阻值,并记录阻值。

③ 测量三相异步电动机的 6 个出线端,找出三相绕组并记录相应阻值。

④ 将量程开关旋转至交流电压最高量程,测量实验台电源 L1、L2、L3、N 之间的线电压

和相电压，并记录相应的电压值。

(3) 兆欧表测试检查

① 兆欧表水平放置，进行短路和开路实验，检测兆欧表是否正常。

② 检测电动机相间绝缘性能：将 L 和 E 分别接电动机的任意两相绕组，参考图 2-28 进行线路连接，检查无误后，以 120r/min 匀速摇动兆欧表手柄 1 分钟，待指针稳定，记录兆欧表示数；更换其他两相，继续测量。

③ 检测电动机相地绝缘性能：将 L 和 E 分别接电动机的任意一相绕组和电动机外壳，参考图 2-27 接线，按照正常操作测试并记录兆欧表示数；同理，更换其他两相，继续测试。

3．单相电度表安装测试

① 在电路板上合理安装断路器、熔断器、单相电度表和白炽灯。

② 参考图 2-43 接好电路。

③ 检查测试电路。

目视检测：参照原理图，查看电路接线是否正确，有无漏接、错接、接点松动、压绝缘皮等现象。

万用表检测：不通电情况下，将万用表置于"Ω"挡，利用线路总体检查和部分检查相结合，测试线路的通断性。

通电检测：首先接通实验台电源，然后接通断路器；观察白炽灯发光情况；再观察电度表的运行情况。

④ 若运行异常，先断开电源，排除故障后再通电测试。

4．三相电度表安装测试

① 在电路板上安装断路器、熔断器和三相电度表。

② 参考图 2-44 接好电路。

③ 线路经万用表检查无误后，接通实验台电源。

④ 接通断路器，观察电动机运行情况；然后再观察电度表的运行情况。若运行异常，先断开电源，排除故障后再通电测试。

⑤ 用钳形电流表测量电动机的线电流，并记录相应的电流值。

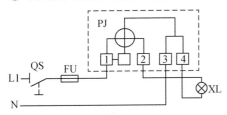
图 2-43　单相电度表测试电路

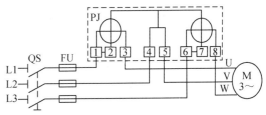
图 2-44　三相电度表测试电路

【技能考核】（见表 2-3）

表 2-3　常用电工仪表的使用考核评分表

序号	考核内容	权重	评分标准	得分
1	工具、仪器、仪表准备	15	漏选、少选或错选，每件扣 1 分	
2	万用表检测器件、电源	20	漏检或错检，记录不清晰，每处 2 分	
3	单相电度表安装测试	30	元件布置合理 5 分；接线规范正确 10 分；检测线路步骤合理 5 分；运行正常 10 分	
4	三相电度表安装测试	35	元件布置合理 5 分；接线规范正确 10 分；检测线路步骤合理 5 分；钳形电流表测试 5 分；运行正常 10 分	
5	安全文明生产		一次倒扣 10 分	

实训项目2　常用电子仪器的使用

【实训目标】
（1）正确操作常用电子仪器设备。
（2）能用电子仪器准确测量各种电参数。

【知识要点】
（1）双路直流稳压电源的面板及功能。
（2）函数信号发生器/计数器的面板及功能。
（3）数字示波器的面板及功能。

【实训器材】
MPS-3003L-3型直流稳压电源1台，SP1642B函数信号发生器/计数器2台，DS5062C数字存储示波器1台。

【实训内容及要求】
1. 直流稳压电源的使用
① 调节面板按键及旋钮，输出两路直流电压，分别为+12V、+5V；并用万用表"V"量程测试验证。
② 调节面板按键及旋钮，输出两路直流电压，分别为+12V、-12V；并用万用表"V"量程测试验证。
③ 调节面板按键及旋钮，输出直流电压+45V；并用万用表"V"量程测试验证。
④ 调节面板按键，使直流稳压电源并联；旋转旋钮，调节电源电压及电流，并用万用表测试验证。

2. 数字存储示波器及函数信号发生器/计数器的使用
（1）示波器及探头的检测
① 将示波器接好电源及CH1、CH2的探头；
② 按下POWER按钮，启动示波器；
③ 将CH1或CH2探头接到校准信号位置，按下AUTO按钮，示波器显示正确的方波信号；通过调节垂直控制区的POSITION旋钮，观察信号的位置变化；若显示的波形不正确，可调整探头上的可变电容，直到显示正确的波形。

（2）自动测量信号的电压、时间参数
① 接通函数信号发生器/计数器，调节面板按键及旋钮，使其分别输出1kHz、V_{p-p}=3mV的正弦波、方波、三角波信号；
② 用示波器测量函数信号发生器/计数器输出的信号；对比信号的幅值和周期是否一致。

（3）用光标手动测量信号的电压、时间参数
测量函数信号发生器/计数器输出的1kHz、V_{p-p}=3mV的正弦波、方波、三角波信号。

（4）观察两个不同频率的信号
在示波器屏幕上同时显示两台函数信号发生器分别输出的1kHz和2kHz的正弦波，波形要稳定。

【技能考核】（见表 2-4）

表 2-4　常用电子仪器的使用考核评分表

序号	考核内容	权重	评分标准	得分
1	输出两路直流电压+12V、+5V	10	操作正确 10 分	
2	输出两路直流电压±12V	10	操作正确 10 分	
3	输出直流电压+45V	10	操作正确 10 分	
4	直流稳压电源并联调整	10	操作正确 10 分	
5	输出 1kHz、V_{p-p}=3mV 的正弦波、方波、三角波信号	10	频率正确 5 分；V_{p-p} 正确 5 分	
6	自动测量信号的电压、时间参数	20	显示正常 10 分；测量正确 10 分	
7	用光标手动测量信号的电压、时间参数	20	电压正确 10 分；时间正确 10 分	
8	观察两个不同频率的信号	10	不同频率信号显示正常 5 分；波形稳定 5 分	

第3章 电动机控制电路的安装与测试

3.1 常用低压电器

3.1.1 常用低压电器的种类

低压电器是一种能根据外界的信号和要求,手动或自动地接通、断开电路,以实现对电路或非电对象的切换、控制、保护、检测、变换和调节的元件或设备。控制电器按其工作电压的高低,以交流 1200V、直流 1500V 为界,可划分为高压电器和低压电器两大类。低压电器又分为配电电器和控制电器两大类。见表 3-1。

1. 低压配电电器

这类电器包括刀开关、熔断器、转换开关和断路器等,主要用于低压配电系统中,要求在系统发生故障时动作准确、工作可靠,有足够的热稳定性和动稳定性。

2. 低压控制电器

低压控制电器是用来对生产设备进行自动控制的电器,如行程开关、时间继电器等。这类电器主要用于电力传动系统中,要求寿命长、体积小、质量轻和工作可靠。

表 3-1 低压电器的种类

序号	类别	主要品种	用途
1	断路器	塑料外壳式断路器	主要用于电路的过负荷、短路、欠电压、漏电压保护,也可用于不频繁接通和断开的电路
		框架式断路器	
		限流式断路器	
		漏电保护式断路器	
		直流快速断路器	
2	刀开关	开关板用刀开关	主要用于电路的隔离,也可用于分断负荷
		负荷开关	
		熔断器式刀开关	
3	转换开关	组合开关	主要用于电源切换,也可用于负荷通断或电路的切换
		换向开关	
4	主令电器	按钮	主要用于发布命令或程序控制
		行程开关	
		微动开关	
		接近开关	
		万能转换开关	
5	接触器	交流接触器	主要用于远距离频繁控制负荷,通断负荷电路
		直流接触器	
6	启动器	磁力启动器	主要用于电动机的启动
		Y-Δ启动器	
		自耦降压启动器	

续表

序号	类别	主要品种	用途
7	控制器	凸轮控制器	主要用于控制回路的切换
		平面控制器	
8	继电器	电流继电器	主要用于控制电路中,将被控量转换成控制电路所需电量或开关信号
		电压继电器	
		时间继电器	
		中间继电器	
		热继电器	
9	熔断器	有填料熔断器	主要用于电路短路保护,也用于电路的过载保护
		无填料熔断器	
		半封闭插入式熔断器	
		快速熔断器	
		自复式熔断器	
10	电磁铁	制动电磁铁	主要用于起重、牵引、制动等地方
		起重电磁铁	
		牵引电磁铁	

3.1.2 几种常用低压电器

1. 瓷底胶盖刀开关

瓷底胶盖刀开关又称开启式负荷开关（见图 3-1），由瓷底、静触头、闸刀、瓷柄和胶盖等构成。其结构简单，价格低廉，常用作照明电路的电源开关，也可用来控制 5.5kW 以下异步电动机的启动与停止。因其无专门的灭弧装置，故不宜频繁分、合电路。

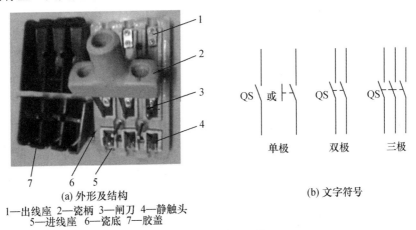

(a) 外形及结构　　　　　　　　(b) 文字符号
1—出线座　2—瓷柄　3—闸刀　4—静触头
5—进线座　6—瓷底　7—胶盖
图 3-1　瓷底胶盖刀开关

安装和使用瓷底胶盖刀开关时应注意下列事项：

① 电源进线应接在静触头一侧的进线端（进线座应在上方），用电设备应接在动触头一侧的出线端。这样，当开关断开时，闸刀和熔体均不带电，以保证更换熔体时的安全。

② 安装时，刀开关在合闸状态下手柄应该向上，不能倒装和平装，以防止闸刀松动落下时误合闸。

2. 空气断路器

空气断路器（见图 3-2）又叫自动空气开关或低压断路器，相当于刀开关、熔断器、热继电器、过电流继电器和欠压继电器的组合，是一种既有手动开关作用又能自动进行欠压、失压、过载和短路保护的电器。空气断路器主要由触头系统、操作机构和保护元件 3 个部分组成。其主要参数是额定电压、额定电流和允许切断的极限电流。选择时，空气断路器的允许切断极限电流应略大于线路最大短路电流。

    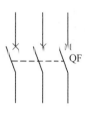

(a) 单元件断路器　(b) 单相断路器　(c) 三相断路器　(d) 带漏电保护断路器　(e) 文字符号

图 3-2　空气断路器的外形及符号

3. 低压熔断器

低压熔断器是低压电路中最常用的电器之一。它串联在线路中，当线路或电气设备发生短路引起电流过大时，熔断器中的熔体首先熔断，从而使线路或电气设备自动脱离电源，起到一定的保护作用，所以它是一种保护电器。熔断器主要由熔管和熔体两部分组成。熔体是熔断器的主要部分，熔管是熔体的保护外壳，在熔体熔断时兼作灭弧用。熔断器在电路中的文字符号如图 3-3 所示。

（1）常用低压熔断器

1）瓷插式熔断器

RC1A 系列瓷插式熔断器如图 3-4 所示，由瓷底座、瓷盖、静触头、动触头及熔丝 5 部分组成。熔体装在瓷盖上两个动触头之间，电源线和负载线可分别接在瓷底座两端的静触头上，瓷底座中有一个空腔，与瓷盖突出部分构成灭弧室。RC1A 系列瓷插式熔断器一般用在交流 50Hz、额定电压 380V 及以下，额定电流 200A 及以下的低压线路末端或分支电路中，作为电气设备的短路保护及一定程度的过载保护。这种熔断器价格便宜，熔丝更换比较方便，广泛用于照明和小容量电动机的短路保护。

2）螺旋式熔断器

螺旋式熔断器如图 3-5 所示，主要由瓷帽、熔断管、瓷套等组成。熔断管中除装有熔丝外，熔丝周围还填满了石英砂，用于灭弧，熔断管的上盖中心装有红色指示器，当熔丝熔断后，红色指示器自动脱落，表明熔丝已熔断。安装时，熔断管有红色指示器的一端插入瓷帽。电气设备的连接线应接到金属螺纹壳的上接线端，电源线接到瓷底座的下接线端。

螺旋式熔断器可用于工作电压 500V、电流 200A 以下的交流电路中。它的优点是断流能力强，安装面积小，更换熔断管方便，安全可靠。

3）管式熔断器

管式熔断器有两种，一种是无填充料封闭管式熔断器，有 RM2、RM3 和 RM10 等系列；另一种是有填充料封闭管式熔断器，有 RT0、RT14、RT16、RT18 等系列。

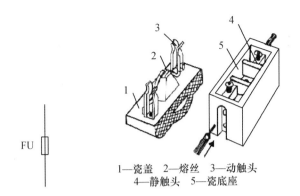

图 3-3　文字符号　　图 3-4　RC1A 系列瓷插式熔断器　　　　　图 3-5　螺旋式熔断器

1—瓷盖　2—熔丝　3—动触头
4—静触头　5—瓷底座

1—瓷帽　2—熔断管　3—瓷套　4—上接线端
5—下接线端　6—瓷底座

如图 3-6 所示为无填充料封闭管式熔断器的外形和结构图。无填充料封闭管式熔断器的断流能力大，保护性好。主要用于交流电压 500V、直流电压 400V 以内的电力网和成套配电设备中，作为短路保护和防止连续过载使用。

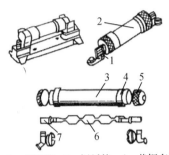

1—夹座　2—熔断管　3—钢纸管　4—黄铜套管
5—黄铜帽　6—熔体　7—刀形夹头

图 3-6　无填充料封闭管式熔断器

如图 3-7 所示为有填充料封闭管式熔断器的外形和结构图。有填充料封闭管式熔断器是一种大分断能力的熔断器，分断能力可达 50kA，主要用于具有较大短路电流的低压配电网。

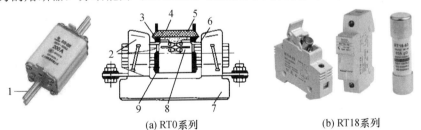

(a) RT0 系列　　　　　　　　(b) RT18 系列

1—夹头　2—夹座　3—熔断指示器　4—石英砂填充料
5—指示器熔丝　6—夹头　7—底座　8—熔体　9—熔管

图 3-7　有填充料封闭管式熔断器

4）快速熔断器

快速熔断器又叫半导体器件保护用熔断器，主要用于硅元件变流装置内部的短路保护。由于硅元件的过载能力差，因此要求短路保护元件应具有快速动作的特征。快速熔断器能满足这种要求，且结构简单，使用方便，动作灵敏可靠，因而得到了广泛应用。

5）自复式熔断器

自复式熔断器是一种限流电器，其本身不具备分断能力，但是和断路器串联使用时，可以提高断路器的分断能力，可以多次使用。

自复式熔断器的熔体是应用非线性电阻元件（金属钠）制成的，在常温下是固体，电阻值较小，构成电流通路。在短路电流产生的高温下，熔体气化，阻值剧增，即瞬间呈现高阻状态，从而能将故障电流限制在较小的数值范围内。

（2）熔断器的选用原则

① 首先应根据使用场合和负载性质选择熔断器的类型。

② 选择熔断器的规格时，应首先选定熔体的规格，然后根据熔体去选择熔断器的规格。

③ 熔断器的保护特性应与被保护对象的过载特性有良好的配合。

④ 在配电系统中，各级熔断器应相互匹配，一般上一级熔体的额定电流要比下一级熔体的额定电流大2~3倍。

⑤ 对于保护电动机的熔断器，应注意电动机启动电流的影响，熔断器一般只作为电动机的短路保护，过载保护应采用热继电器。

⑥ 熔断器的额定电流应不小于熔体的额定电流；额定分断能力应大于电路中可能出现的最大短路电流。

（3）熔断器的安装和维护

① 安装熔体时，必须保证接触良好，并应经常检查，否则若有一相断路，会使三相电动机因缺相运行而烧毁。

② 拆换熔断器时，要检查新熔体的规格和形状是否与更换的熔体一致。

③ 安装熔体时，不能有机械损伤，否则相当于截面积变小，电阻增加，保护特性变坏。

④ 熔断器周围温度应与被保护对象的周围温度基本一致，若相差太大，也会使保护动作产生误差。

4．主令电器

主令电器是用来接通和分断控制电路以发布命令、或对生产过程作程序控制的开关电器。常用的主令电器有：按钮、行程开关、接近开关、万能转换开关等。

（1）按钮

按钮是一种短时接通或断开小电流电路的手动电器。常用于控制电路中发出启动或停止等指令，以控制接触器、继电器等线圈电流的接通或断开，再由它们去接通或断开主电路。按钮由按钮帽、复位弹簧、触头和外壳等组成，如图3-8所示。

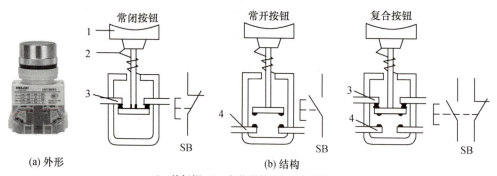

(a) 外形　　　　　　　(b) 结构

1—按钮帽　2—复位弹簧　3—常闭触头　4—常开触头

图3-8　按钮的外形、结构及文字符号

常开按钮：手指未按下时，触头是断开的；当手指按下时，触头接通；手指松开后，在复位弹簧作用下触头又返回原位断开。它常用作启动按钮。

常闭按钮：手指未按下时，触头是闭合的；当手指按下时，触头断开；手指松开后，在复位弹簧作用下触头又返回原位闭合。它常用作停止按钮。

复合按钮：将常开按钮和常闭按钮组合为一体。当手指按下时，其常闭触头先断开，然后常开触头闭合；手指松开后，在复位弹簧作用下触头又返回原位。它常用在控制电路中作电气联锁。

通常用红色表示停止按钮；绿色、黑色表示启动按钮。

（2）行程开关

行程开关又称限位开关，是位置开关的一种，是一种常用的小电流主令电器。利用生产机械运动部件的碰撞使其触头动作来实现接通或分断控制电路，达到一定的控制目的。通常，这类开关被用来限制机械运动的位置或行程，使运动机械按一定位置或行程自动停止、反向运动、变速运动或自动往返运动等。

① 行程开关的结构：主要由微动开关、操作机构和外壳组成，其内部结构如图3-9所示，外形及文字符号如图3-10所示。

② 行程开关的工作原理：当运动机械的挡铁压到滚轮上时，杠杆连同转轴一起转动，并推动撞块。当撞块被压到一定位置时，推动微动开关动作，使常开触头闭合、常闭触头断开；当运动机械的挡铁离开后，复位弹簧使行程开关各部位部件恢复常态。

③ 行程开关的用途：行程开关是一种根据运动部件的位置而切换电路的电器，它的作用原理与按钮类似，利用生产机械运动部件的碰压使其触头动作，从而将机械信号转变成电信号。行程开关广泛用于各类机床和起重机械，用以控制其行程、进行终端限位保护。在电梯的控制电路中，还利用行程开关来控制开关轿门的速度，自动开关门的限位，轿厢的上、下限位保护。

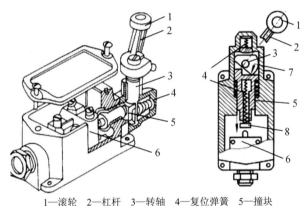

1—滚轮　2—杠杆　3—转轴　4—复位弹簧　5—撞块
6—微动开关　7—凸轮　8—调节螺钉

图3-9　行程开关的结构

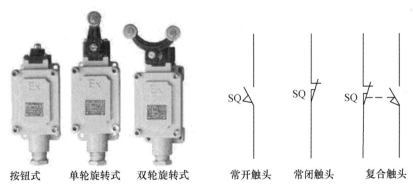

按钮式　　单轮旋转式　　双轮旋转式　　常开触头　　常闭触头　　复合触头

图3-10　行程开关的外形及文字符号

（3）接近开关

接近开关又称无触点行程开关，它除可以完成行程控制和限位保护外，还是一种非接触型的检测装置，用于检测零件尺寸和测速等，也可用于变频计数器、变频脉冲发生器、液面控制和加工程序的自动衔接等。特点是工作可靠、寿命长、功耗低、定位精度高、操作频率高以及适应恶劣的工作环境等。

接近开关的结构种类较多，按工作原理通常可分为高频振荡型、电磁感应型、电容型、永磁型、光电型、超声波型等；按其外部形状可分为圆柱状、方状、沟状、穿孔（贯通）型和分离型；按供电方式可分为直流型和交流型，按输出形式又可分为直流两线制、直流三线制、直流四线制、交流两线制和交流三线制。

接近开关的选型原则如下：

① 当检测体为金属材料时，应选用高频振荡型接近开关；

② 当检测体为非金属材料时，如木材、纸张、塑料、玻璃和水等，应选用电容型接近开关；

③ 金属体和非金属要进行远距离检测和控制时，应选用光电型接近开关或超声波型接近开关；

④ 对于检测体为金属，若检测灵敏度要求不高，可选用价格低廉的磁性接近开关或霍尔式接近开关。

（4）万能转换开关

万能转换开关是一种多挡式、控制多回路的主令电器。万能转换开关主要用于各种控制线路的转换，电压表、电流表的换相测量控制，配电装置线路的转换和遥控等，万能转换开关还可用于直接控制小容量电动机的启动、调速和换向。常用产品有 LW5 和 LW6 系列。图 3-11 是 LW5 万能转换开关的外形图。

图 3-11　LW5 万能转换开关

5. 接触器

接触器是一种适用于远距离、频繁地接通和分断交、直流主电路和大容量控制电路的电器。其主要的控制对象为电动机，也可用作控制其他电力负载，如电热器、电焊机和电容器组等。接触器分为交流接触器（电压 AC）和直流接触器（电压 DC）两大类。它们的工作原理都是利用电磁吸力来使触点动作的（接通或断开），结构也都包括电磁系统、触点系统和灭弧装置 3 个主要组成部分，但它们各有自己的特点。本节主要介绍交流接触器。

交流接触器的种类很多，其中空气电磁式交流接触器应用最为广泛，其产品系列、品种也最多，而结构和工作原理基本相同。常用的有国产的 CJ10（CJT1）、CJ20、CJX2 等系列。

（1）交流接触器的结构

交流接触器主要由电磁系统、触头系统、灭弧装置、辅助部件等组成。如图 3-12 所示。

1）电磁系统

电磁系统主要由线圈、静铁芯和动铁芯（衔铁）3 部分组成。静铁芯和衔铁一般用 E 形硅钢片叠压而成，以减小铁芯的磁滞和涡流损耗；铁芯的两个端面上嵌有短路环，用以消除电磁系统的振动和噪声；线圈做成粗而短的圆筒形，且在线圈和铁芯之间留有空隙，以增强铁芯的散热效果。交流接触器利用电磁系统中线圈的通电或断电，使铁芯吸合或释放衔铁，从而带动动触头与静触头闭合或分断，实现电路的接通或断开。

2）触头系统

触头系统是接触器的执行元件，用以接通或分断所控制的电路，必须工作可靠、接触良好。3 个主触头承受电流较大，用于通断主电路。辅助触头有常闭辅助触头和常开辅助触头，主要用于通断控制回路。常开辅助触头和常闭辅助触头是联动的,当线圈通电时,常闭触头先断开,常开触头随后闭合,中间有一个很短的时间差;当线圈断电后,常开触头先恢复断开,随后常闭触头恢复闭合,中间也存在一个很短的时间差。这个时间差虽短,但对实现线路的控制作用很重要。

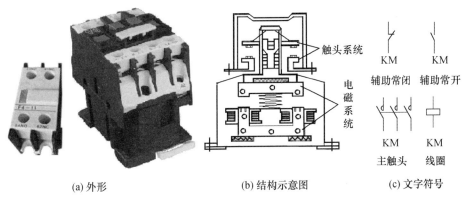

(a) 外形　　　　　　(b) 结构示意图　　　　　(c) 文字符号

图 3-12　交流接触器的外形、结构示意图及文字符号

3)灭弧装置

灭弧装置的作用是熄灭触头分断时产生的电弧,以减轻电弧对触头的灼伤,保证可靠地分断电路。在交流接触器中,常采用的灭弧装置有双断口结构的电动力灭弧装置、纵缝灭弧装置和栅片灭弧装置。

4)辅助部件

交流接触器的辅助部件有反作用弹簧、缓冲弹簧、触头压力弹簧、传动机构及底座、接线柱等。反作用弹簧安装在衔铁和线圈之间,其作用是线圈断电后,推动衔铁释放,带动触头复位;缓冲弹簧安装在静铁芯和线圈之间,其作用是缓冲衔铁在吸合时对静铁芯和外壳的冲击力,保护外壳;触头压力弹簧安装在动触头上面,其作用是增加动、静触头间的压力,从而增大接触面积,以减少接触电阻,防止触头过热损伤;传动机构的作用是在衔铁或反作用弹簧的作用下,带动动触头实现与静触头的接通或分断。

(2)交流接触器的工作原理

交流接触器利用电磁吸力与弹簧弹力配合动作,使触头闭合或分断,以控制电路的通断。交流接触器有两种工作状态:失电状态(释放状态)和得电状态(动作状态)。当电磁线圈得电后,衔铁被吸合,各个常开触头闭合、常闭触头分断,接触器处于得电状态。当吸引线圈失电后,衔铁释放,在反作用弹簧的作用下,衔铁和所有触头都恢复常态,接触器处于失电状态。

(3)交流接触器安装使用时的注意事项

1)安装前检查

① 在接触器安装前,应检查产品的铭牌及线圈上的技术数据(如额定电流、额定电压、操作频率和通电持续率等)是否符合实际使用要求。

② 用手分合接触器的活动部分,要求产品动作灵活无卡顿现象。

③ 有些接触器铁芯面涂有防锈油,使用时应将铁芯面上的防锈油擦干净,以免油垢黏滞而造成接触器断电不释放。

④ 测量交流接触器的线圈电阻和绝缘电阻是否符合要求。

2)接触器的安装

① 交流接触器一般应安装在垂直面上,倾斜度不得超过5°;若有散热孔,则应将有孔的

一面放在垂直方向上，以利散热，并按规定留有适当的飞弧空间，以免飞弧烧坏相邻电器。

② 安装和接线时，注意不要将零件失落或掉入接触器内部。安装孔的螺钉应装有弹簧垫圈和平垫圈，并拧紧螺钉以防振动松脱。

③ 检测接线正确无误后，应在主触头不带电的情况下，先使线圈通电分合数次，检查产品动作是否可靠，然后才能接入使用。

（4）交流接触器的维护

① 应对接触器做定期检查，观察螺钉有无松动，可动部分是否灵活等。

② 接触器的触头应定期清理，保持清洁，但不允许涂油。当触头表面因电灼作用形成金属小颗粒时，应及时清除。

③ 交流接触器拆装时，注意不要损坏灭弧罩。带灭弧罩的交流接触器不允许在不带灭弧罩或带破损的灭弧罩的情况下运行，以免发生电弧短路故障。

6．继电器

继电器是自动化控制的基本元件之一，是当生产过程中某些特定的参数（如压力、电流、温度、速度等）发生变化达到预定值时而动作，使电路自动切换的电器。因此继电器起着传递信号的作用。它本身是"弱电"元件，但可以用来控制接触器等"强电"电路，所以它被广泛地应用于机床电气设备自动控制系统中，借助于继电器来扩大控制电路的容量。

继电器包括控制继电器、保护继电器、通信继电器等多种类型，本节着重介绍电力拖动系统中广泛使用的中间继电器、时间继电器、热继电器、速度继电器等控制继电器。

（1）中间继电器

中间继电器用于继电保护与自动控制系统中，以增加触点的数量及容量，还被用于在控制电路中传递中间信号。中间继电器的结构和原理与交流接触器基本相同，与接触器的主要区别在于：接触器的主触头可以通过大电流，而中间继电器的触头只能通过小电流，所以，它只能用于控制电路中。中间继电器的外形及文字符号如图3-13所示。

图3-13 中间继电器的外形及文字符号

（2）时间继电器

时间继电器是一种利用电磁原理或机械原理实现延时控制的控制电器，其特点是接收信号后，执行元件能够按照预定时间延时工作，因而广泛地应用在工业生产及家用电器等的自动控制中。

1）时间继电器的类型

时间继电器的延时方法及类型很多，概括起来，可分为电气式和机械式两大类。电气延时式有电磁阻尼式、电动机式、电子式（又分阻容式和数字式）等时间继电器；机械延时式有空气阻尼式、油阻尼式、水银式、钟表式和热双金属片式等时间继电器。其中，常用的有电磁阻尼式、空气阻尼式、电动机式和电子式等时间继电器。按延时方式分,时间继电器又可分为通电延时型、断电延时型和带瞬动触点的通电延时型等。

2)常用典型时间继电器

① 空气阻尼式时间继电器

空气阻尼式时间继电器由电磁机构、延时机构、触头系统 3 个部分组成。延时方式有通电延时和断电延时两种。

对于通电延时型时间继电器,当线圈得电时,其常开触点(延时动合触点)要延时一段时间才闭合,常闭触点(延时动断触点)要延时一段时间才断开。当线圈失电时,其常开触点(延时动合触点)迅速断开,常闭触点(延时动断触点)迅速闭合。

对于断电延时型时间继电器,当线圈得电时,其常开触点(延时动合触点)迅速闭合,常闭触点(延时动断触点)迅速断开。当线圈失电时,其常开触点(延时动合触点)要延时一段时间再断开,常闭触点(延时动断触点)要延时一段时间再闭合。

断电延时型时间继电器如图 3-14 所示。当线圈 1 通电后,衔铁 3 连同推板 5 被铁芯 2 吸引向下吸合,上方微动开关 4 压下,使上方微动开关触头迅速转换。同时在空气室 10 内与橡皮膜 9 相连的活塞杆 6 也迅速向下移动,带动杠杆 7 左端迅速上移,微动开关 14 的延时常开触点马上闭合,常闭触点马上断开。当线圈断电时,微动开关 4 迅速复位,而空气室 10 内与橡皮膜 9 相连的活塞杆 6 在弹簧 8 作用下也向上移动,由于橡皮膜下方的空气稀薄形成负压,起到空气阻尼的作用,因此活塞杆只能缓慢向上移动,移动速度由进气孔 12 的大小而定,可通过调节螺钉 11 调整。经过一段延时后,活塞 13 才能移到最上端,并通过杠杆 7 压动开关 14,使其常开触点延时断开,常闭触点延时闭合。

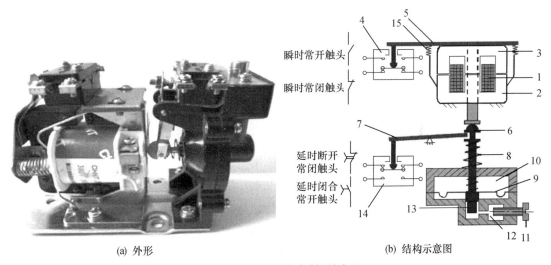

图 3-14 断电延时型时间继电器

② 电子式时间继电器

电子式时间继电器又称半导体式时间继电器,它是利用 RC 电路的电容器充电时,电容电压不能突变,只能按指数规律逐渐变化的原理来获得延时的。因此,只要改变 RC 充电回路的时间常数(改变电阻值),即可改变延时时间。继电器的输出形式分有触点式和无触点式,有触点式用晶体管驱动小型电磁式继电器,而无触点式采用晶体管或晶闸管输出。

电子式时间继电器具有延时精度高、延时范围大、体积小、调节方便、控制功率小、耐冲击、耐振动、寿命长等优点,应用广泛。电子式时间继电器有通电延时型、断电延时型、带瞬动触点的通电延时型3种形式，主要产品有JS14A系列，JSM8、JSM8F、JSM8H系列，JS20系列等。

近年来随着微电子技术的发展，采用集成电路、功率电路和单片机等电子元件构成的新型时间继电器大量面市。如DHC6多制式单片机控制时间继电器，J5S17、J3320、JSZ3等系列大规模集成电路数字时间继电器，J5145系列电子式数显时间继电器，J5G1系列固态时间继电器等。图3-15是几种电子式时间继电器的实物图。

图3-15 电子式时间继电器

3）时间继电器在电路中的图形及文字符号

时间继电器在电路中的图形及文字符号如图3-16所示。

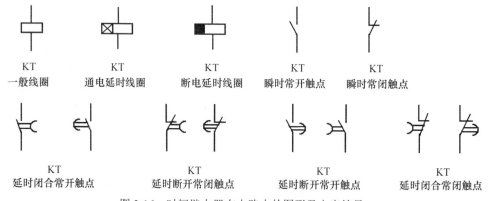

图3-16 时间继电器在电路中的图形及文字符号

（3）热继电器

热继电器主要由发热元件、双金属片、触点以及一套传动和调整机构组成。它由流入热元件的电流产生热量，使有不同膨胀系数的双金属片发生形变，当形变达到一定距离时，就推动连杆动作，使控制电路断开，从而使接触器失电，主电路断开，实现电动机的过载保护。热继电器有双金属片式、易熔合金式、热敏电阻式、热敏磁动式等多种类型。热继电器作为电动机的过载保护元件，以其体积小、结构简单、成本低等优点在生产中得到了广泛应用。热继电器的外形与文字符号如图3-17所示。

图3-17 热继电器的外形及文字符号

（4）速度继电器

速度继电器是当转速达到规定值时触头动作的继电器。主要用于电动机反接制动控制电路中，当反接制动的转速下降到接近零时能自动地及时切断电源。速度继电器的外形、文字符号及结构如图3-18所示。

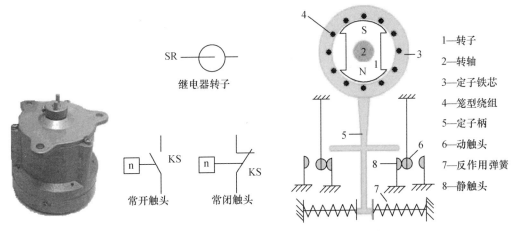

图3-18 速度继电器的外形、文字符号及结构示意图

转子是一块固定在轴上的永久磁铁。浮动的定子与转子同心，而且能独自偏摆，定子由硅钢片叠成，并装有笼型绕组。速度继电器的轴与电动机轴相连，电动机旋转时，转子随之一起转动，形成旋转磁场。笼型绕组切割磁力线而产生感应电流，该电流与旋转磁场作用产生电磁转矩，使定子随转子向转子的转动方向偏摆，定子柄推动相应触头动作。定子柄推动触头的同时，也压缩反作用弹簧，其反作用阻止定子继续转动。当转子的转速下降到一定数值，电磁转矩小于反作用弹簧的反作用力矩，定子返回原来位置，对应的触头恢复原始状态。调整反作用弹簧的拉力即可改变触头动作的速度。

3.2 电动机控制电路图的识读、绘制及安装步骤

3.2.1 识读、绘制电动机控制电路图的原则

电动机控制电路常用电气原理图、接线图和布置图来表示。

1. 电气原理图

电气原理图是根据生产机械运动形式对电气控制系统的要求，采用国家统一规定的电气图形符号和文字符号，按照电气设备和电器的工作顺序，详细表示电路、设备或成套装置的全部基本组成和连接关系，而不考虑其实际位置的一种简图。电气原理图能充分表达电气设备和电器的用途、作用和工作原理，是电气线路安装、调试和维修的理论依据。绘制、识读电气原理图时应遵循以下原则。

① 电气原理图一般分电源电路、主电路和辅助电路3部分绘制，如图3-19所示。

● 电源电路一般画成水平线，对三相交流电源来说，按相序L1、L2、L3自上而下依次画出，中线N和保护地线PE依次画在相线之下；对直流电源来说，其"+"端画在上边，"-"端画在下边。电源开关水平画出。

● 主电路一般指交流电源和起拖动作用的电动机之间的电路，由电源开关、熔断器、热继电器的热元件、接触器的主触头、电动机以及其他按要求配置的启动电器等连接而成。主电路

通过的电流是电动机的工作电流，电流较大。主电路图画在电路图的左侧并垂直电源电路。

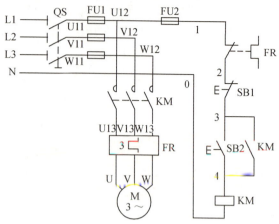

图 3-19　接触器自锁正转控制电路

● 辅助电路一般包括控制主电路工作状态的控制电路、显示主电路工作状态的指示电路和提供设备局部照明的照明电路等。它由主令电器的触头、接触器线圈及辅助触头、继电器线圈及触头、指示灯和照明灯等组成。辅助电路通过的电流都较小，一般不超过 5A。

画辅助电气原理图时，辅助电路要跨接在两根电源线之间，一般按照控制电路、指示电路和照明电路顺序依次垂直画在电气原理图的右侧，且电路中与下边电源线相连的耗能元件（如接触器和继电器的线圈、指示灯和照明灯等）通常画在电气原理图的下方，而电器的触头要画在耗能元件与上边电源线之间。为读图方便，一般应按照自左至右、自上而下的排列来表示操作顺序。

② 在电气原理图中，各电器的触头位置都按电路未通电或电器未受外力作用时的常态位置画出。

③ 在电气原理图中，不画各电气元件实际的外形图，而采用国家统一规定的电气图形符号画出。

④ 在电气原理图中，同一电器的各元件不按它们的实际位置画在一起，而是按其在电路中所起的作用分别画在不同电路中，但它们的动作却是相互关联的，必须标注相同的文字符号。若图中相同的电器较多，需要在电器文字符号后面加注不同的数字，以示区别，如 SB1、SB2 或 KM1、KM2 等。

⑤ 画电气原理图时，应尽可能减少线条并避免线条交叉。对有直接电联系的交叉导线连接点，要用小黑圆点表示；无直接电联系的交叉导线则不画小黑圆点。

⑥ 电气原理图采用编号法，即对电路中的各个接点用字母或数字编号。

● 电源开关的进线端按相序依次编号为 L1、L2、L3、N，从电源开关的出线端开始，按相序依次编号为 U11、V11、W11，然后按从上至下、从左至右的顺序，每经过一个电气元件后，编号递增，如 U12、V12、W12 和 U13、V13、W13 等。单台三相交流电动机（或设备）的 3 根引出线按相序依次编号为 U、V、W。对多台电动机引出线的编号，为了不致引起误解和混淆，可在字母前用不同的数字加以区别，如 1U、1V、1W 和 2U、2V、2W 等。

● 辅助电路编号按"等电位"原则从上至下、从左至右的顺序用数字依次编号，每经过一个电气元件后，编号依次递增。控制电路编号的起始数字必须是 0，其他辅助电路编号的起始数字依次递增100，如照明电路编号从 100 开始，指示电路编号则从 200 开始等。

2. 接线图

接线图是根据电气设备和电气元件的实际位置和安装情况绘制的，只用来表示电气设备和电气元件的位置、配线方式和接线方式，而不明显表示电气动作原理。图3-20（a）是接触器自锁正转控制电路的接线图，主要用于安装接线、电路的检查、维修和故障处理。

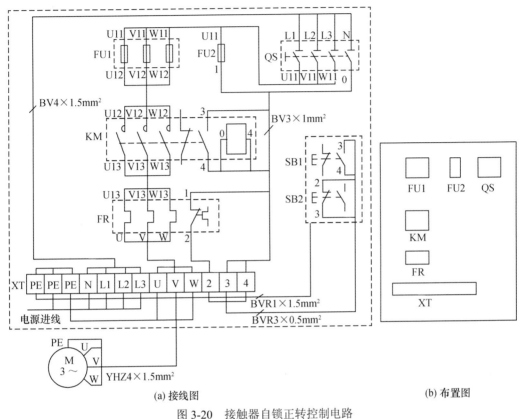

图 3-20 接触器自锁正转控制电路

绘制、识读接线图应遵循以下原则：

① 接线图中一般标示出电气设备和电气元件的相对位置、文字符号、端子号、导线号、导线类型、导线截面积、屏蔽和导线绞合等。

② 所有的电气设备和电气元件都按其所在的实际位置绘制在图纸上，且同一电器的各部分根据其实际结构，使用与电路图相同的图形符号画在一起，其文字符号以及接线端子的编号应与电路图中的标注一致，以便对照检查接线。

③ 接线图中的导线有单根导线、导线组和电缆等之分，可用连续线和中断线来表示。凡导线走向相同的可以合并，用线束来表示，到达接线端子板或电气元件的连接点时再分别画出。在用线束来表示导线组和电缆等时，可用加粗的线条表示，在不引起误解的情况下也可采用部分加粗。另外，导线及管子的型号、根数及规格应标注清楚。

3. 布置图

布置图是根据电气元件在控制板上的实际安装位置，采用简化的外形符号（如正方形、矩形和圆形等）而绘制的一种简图，如图3-20（b）所示。它不表达各电气元件的具体结构、作用、接线情况及工作原理，主要用于电气元件的布置和安装。图中各电气元件的文字符号必须与电路图和接线图的标注相一致。

在实际应用中，电路图、接线图和布置图要结合起来使用，并不是完全孤立存在和使用的。

3.2.2 电动机基本控制电路的安装步骤

电动机基本控制电路的安装，不论采用哪种配线方式，一般应按以下步骤进行：

① 识读电路图，明确电路所用电气元件及其作用，熟悉电路的工作原理。

② 根据电路图或元件明细表配齐电气元件，并进行检验。

③ 根据电气元件选配安装工具和控制板。

④ 根据电路图绘制布置图和接线图，然后按要求在控制板上安装电气元件（电动机除外），并贴上醒目的文字符号。

⑤ 根据电动机容量选配主电路导线的截面，控制电路导线一般采用截面为 BV 1mm² 的铜芯线；按钮线一般采用截面为 BVR 0.75mm² 的铜芯线；接地线一般采用截面不小于 BVR 1.5mm² 的铜芯线。

⑥ 根据接线图布线，同时将剥去绝缘层的两端线头套上标有与电路图相一致编号的编码套管（线号管）。

⑦ 安装电动机。

⑧ 连接电动机和所有电气元件金属外壳的保护接地线。

⑨ 连接电源和电动机等控制板外部的导线。

⑩ 自检。

⑪ 复验。

⑫ 通电试车。

3.3 电动机全压启动控制电路

将电源电压全部加在电动机绕组上进行的启动称为全压启动，也称为直接启动。这种启动方法具有所需电气设备少、线路简单等优点，同时也有启动电流大的缺点。在鼠笼式异步电动机全压启动中，启动电流是额定电流的 4～7 倍。所以电动机进行全压启动的条件是电动机容量比电力变压器容量要小得多。

3.3.1 开关控制电路

电动机容量在 10kW 以下，同时对控制条件要求不高的场合，如机床上的冷却泵、小型台钻、砂轮机等小容量电动机，可以用瓷底胶盖闸刀开关或负荷开关等简单控制装置直接启动。如图 3-21 所示，这种电路只有主电路，电流流向为：三相电源→开关→熔断器→电动机。其中，熔断器用作主电路的短路保护。

3.3.2 点动控制电路

点动控制电路是用简单的辅助电路控制主电路，完成电动机的全压启动，适用于只需短时间运转的电动机。其电路结构如图 3-22 所示。三相电源经过开关 QS、主电路熔断器 FU1、交流接触器主触头 KM 到电动机 M 构成主电路；由熔断器 FU2、常开按钮 SB 和接触器线圈 KM 组成辅助电路。由于辅助电路具有控制功能，因此把辅助电路直接称为控制电路。

点动控制电路的动作原理如下。

启动：按下常开按钮 SB→控制电路通电→接触器线圈 KM 通电→接触器常开主触头闭合→主电路接通→电动机 M 通电启动。

停止：松开常开按钮 SB→控制电路分断→接触器线圈 KM 断电→接触器常开主触头分断→主电路分断→电动机 M 断电停转。

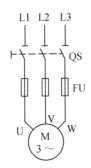
图 3-21 刀开关控制电路

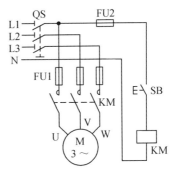
图 3-22 点动控制电路

3.3.3 接触器自锁正转控制电路

1. 电路组成

电路组成如图 3-19 所示，主电路从三相电源端 L1、L2、L3 引来，经过电源开关 QS、三相熔断器 FU1、交流接触器的 3 对主触头 KM 以及热继电器 FR 的热元件到电动机 M。控制电路由熔断器 FU2、热继电器 FR 的常闭触点、停止按钮 SB1、启动按钮 SB2、交流接触器 KM 的辅助触头及 KM 的线圈组成。

2. 工作原理

启动：按下按钮 SB2→KM 线圈得电→KM 主触头闭合→电动机 M 通电运转。

松开按钮 SB2，由于接在按钮 SB2 两端的 KM 常开辅助触头闭合实现自锁，控制回路仍保持接通，电动机 M 继续运转。启动按钮 SB2 断开后，控制回路仍能自行保持接通的线路，称为自锁（或自保）控制线路，与启动按钮 SB2 并联的这一副常开辅助触头 KM 称为自锁（或自保）触头。

停止：按下按钮 SB1→KM 线圈断电→KM 常开辅助触头和主触头同时断开→电动机 M 停止运转。

3. 过载保护

图 3-19 电路中热继电器 FR 是完成过载保护的器件。热继电器的热元件 FR 串联在主电路中，它的常闭触头 FR 串联在控制电路中。电动机运行中，由于过载或其他原因使主电路中的电流超过允许值，热元件因通过大电流而温度升高，使双金属片弯曲，将串联在控制电路中的常闭触头 FR 分断，使控制电路分断，接触器线圈断电，主触头释放，切断主电路，电动机 M 停转，从而起到过载保护的作用。

3.3.4 电动机正反转控制电路

在生产过程中，生产机械往往需要做上下、左右、前后等相反方向的运动，如车床工作台的前进和后退、主轴的正转和反转、起重机的上升与下降等，这就要求电动机能正反双向旋转。对于三相异步电动机，只要改变通入电动机三相定子绕组电源的相序（即三相电源中任意两相对调），就可使电动机实现正反转。

1. 接触器联锁的正反转控制电路

如图 3-23 所示电路，采用两个交流接触器 KM1、KM2 和两个启动按钮 SB2、SB3，分别控制电动机的正转和反转。当 KM1 的 3 对主触头接通时，三相电源的相序按 L1－L2－L3 接入电动机,假设电动机正转;而 KM2 的 3 对主触头接通时,三相电源的相序按 L3－L2－L1 接入电动机,这样改变通入电动机三相定子绕组电源的相序,电动机即为反转。所以当两个接触器分别工作时,电动机按正、反两个方向转动。

线路要求接触器 KM1、KM2 不能同时通电,否则它们的主触头同时闭合,将造成 L1、L3 两相电源短路;为此,在 KM1、KM2 线圈各自的控制回路中相互串联了对方的一对常闭辅助触头,只要任何一个接触器先得电,另一个接触器就不能得电吸合。这种利用它们各自的触头锁住对方使其不能同时得电,以达到相互制约的作用,称为联锁(也叫互锁)。这两对常闭辅助触头就称为联锁触头。

工作原理分析如下。

(1) 正转控制

按下正转按钮 SB2→KM1 线圈得电→KM1 常开辅助触头闭合自锁、KM1 常闭辅助触头分断(对 KM2 联锁)、KM1 主触头闭合→主电路接通→电动机 M 正转运行。

(2) 正转停止

按下停止按钮 SB1→KM1 线圈失电→KM1 常开辅助触头分断解除自锁、KM1 常闭辅助触头恢复闭合(解除联锁)、KM1 主触头分断→主电路分断→电动机 M 失电停转。

(3) 反转控制

按下反转按钮 SB3→KM2 线圈得电→KM2 常开辅助触头闭合自锁、KM2 常闭辅助触头分断(对 KM1 联锁)、KM2 主触头闭合(变换电动机定子绕组 U、W 的相序)→主电路接通→电动机 M 反转运行。

接触器联锁的正反转控制电路实现的功能是"正转—停止—反转"。

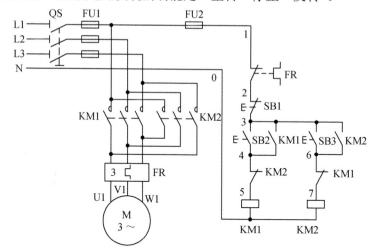

图 3-23　接触器联锁的正反转控制电路

2. 按钮、接触器双重联锁的正反转控制电路

接触器联锁的正反转控制电路具有工作安全可靠的优点,但也有操作不便的缺点。因为电动机从正转变换到反转时,必须先按下停止按钮后,才能按反转启动按钮,否则由于接触器的联锁作用,无法实现反转。为了克服这种控制电路的缺点,可采用按钮和接触器双重联锁的正反转控制电路。如图 3-24 所示,该电路既保留了控制电路工作安全可靠的优点,也使操作更方便。

工作原理分析如下。

(1) 正转控制

按下按钮 SB2→SB2 常闭触点先分断(对 KM2 联锁)、SB2 常开触点后闭合→KM1 线圈得电→KM1 联锁触点分断（对 KM2 联锁）、KM1 自锁触点闭合（自锁）、KM1 主触点闭合→电动机 M 启动正转运行。

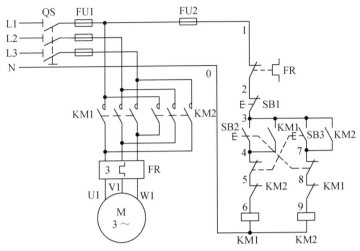

图 3-24 按钮、接触器双重联锁的正反转控制电路

（2）反转控制

按下按钮 SB3→SB3 常闭触点先分断→KM1 线圈失电→KM1 自锁触点分断解除自锁、KM1 主触点分断、KM1 联锁触点恢复闭合→电动机 M 失电；同时，SB3 常开触点后闭合→KM2 线圈得电→KM2 联锁触点分断（对 KM1 联锁）、KM2 自锁触点闭合自锁、KM2 主触点闭合→电动机 M 启动反转运行。

（3）停止

按下按钮 SB1，整个控制电路失电，主触点分断，电动机 M 失电停转。

3．电动机位置控制电路

位置控制也称行程控制，是利用生产机械运动部件上的挡铁与位置开关碰撞，使其触头动作来接通或断开电路，达到控制运行部件的位置或行程的一种方法。用位置开关控制电动机正反转使生产机械往复运动的电路如图 3-25 所示，其主电路与接触器联锁正反转控制主电路相同。在控制电路中，设置了具有自动复位功能的两个位置开关 SQ1 和 SQ2，它们分别有常开和常闭两种触头。该控制电路的工作原理分析如下。

按下按钮 SB2→线圈 KM1 得电→KM1 常开辅助触头闭合自锁、KM1 主触头闭合、KM1 常闭辅助触头分断对 KM2 联锁→电动机 M 得电正转→工作台左移→限位挡铁 1 碰到行程开关 SQ1→触头 SQ1-1 分断、SQ1-2 闭合→KM1 线圈失电→KM1 常开辅助触头分断复位解除自锁、常闭辅助触头恢复闭合解除对 KM2 联锁、KM1 主触头分断→电动机 M 失电停止正转→工作台停止左移。由于触头 SQ1-2 闭合→KM2 线圈得电→KM2 常开辅助触头闭合自锁、KM2 常闭辅助触头分断对 KM1 联锁、KM2 主触头闭合→电动机 M 得电反转运行→工作台右移→SQ1 触头复位；限位挡铁 2 碰到位置开关 SQ2→触头 SQ2-1 分断、SQ2-2 闭合→KM2 线圈失电→KM2 常开辅助触头分断复位、KM2 常闭辅助触头闭合复位并解除对 KM1 联锁、KM2 线圈失电后主触头分断→电动机 M 失电停转，工作台停止右移；同时，KM1 线圈得电→KM1 常开辅助触头闭合自锁、KM1 常闭辅助触头分断对 KM2 联锁、KM1 线圈得电后其主触头闭合→电动机 M 得电正转→工作台左移……不断重复上述过程，工作台在限定行程内自动往返运行。

需要停止时，按下停止按钮 SB1，控制电路失电→KM1 或 KM2 线圈失电→接触器主触头分断→电动机 M 失电停转→工作台停止移动。

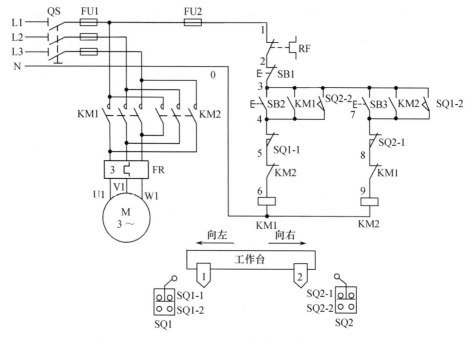

图 3-25 电动机位置控制电路

3.4 电动机降压启动控制电路

异步电动机直接启动时，启动电流一般为额定电流的 4～7 倍。在电源变压器容量不够大而电动机功率较大的情况下，直接启动将导致电源变压器输出电压下降，不仅会减小电动机本身的启动转矩，而且会影响同一供电线路中其他设备的正常工作。因此，启动较大容量的电动机时，需要采用降压启动的方法。常见的降压启动方法有定子绕组串接电阻降压启动、自耦变压器降压启动、Y-△降压启动、延边三角形降压启动等。本节主要介绍 Y-△降压启动控制线路。

Y-△降压启动方法适用于正常工作时定子绕组为 △ 形连接的电动机。启动时将定子绕组接成 Y 形，使每相绕组电压降低为原来的 $\frac{1}{\sqrt{3}}$；启动结束后，再将绕组切换成 △ 形接法，使三相绕组在额定电压下运行。该启动方法既简便又经济，所以使用较为普遍。采用这种方法时，电动机的启动转矩只有全压启动时的 1/3，因此 Y-△降压启动适用于空载或轻载启动。

3.4.1 按钮控制 Y-△降压启动

按钮控制 Y-△降压启动电路如图 3-26 所示，主电路由熔断器、热继电器的热元件和 3 个接触器的常开主触头组成。其中，KM 位于主电路的前段，用于接通和分断主电路、控制启动接触器 KMY 和运行接触器 KM△ 电源的通断；KMY 闭合使电动机绕组接成 Y 形，实现降压启动；KM△ 则在启动结束时闭合，将电动机绕组切换成 △ 形接法，实现全压运行。控制电路以 3 个接触器线圈为主体，配合按钮和接触器辅助触头形成 3 条并联支路，实现对主电路的控制。

电路工作原理分析如下。

（1）启动

按下按钮 SB2→KM 线圈得电、KMY 线圈得电→KM 自锁触头闭合、KM 主触头闭合、KMY 主触头闭合、KMY 联锁触头断开对 KM△ 控制电路实现联锁→电动机绕组 Y 形连接→M 启动。

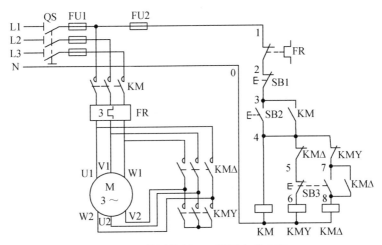

图 3-26 按钮控制 Y-△ 降压启动电路

（2）全压运行

按下按钮 SB3→SB3 常闭触头分断→KMY 线圈失电→KMY 联锁触头闭合、KMY 主触头断开→电动机定子绕组解除 Y 形连接。

SB3 常开触头闭合→KM△ 线圈得电→KM△ 自锁触头闭合、联锁触头断开、主触头闭合→电动机定子绕组接成 △ 形全压运行。

（3）电动机停转

按下按钮 SB1→KM、KM△ 线圈失电→KM、KM△ 主触头断开→主电路分断→电动机失电停转。

3.4.2　QX3-13 型 Y-△ 自动启动器

QX3-13 型 Y-△ 自动启动器的电路如图 3-27 所示，主电路由熔断器、热继电器的热元件和 3 个接触器的常开主触头组成。控制电路以 3 个接触器和 1 个时间继电器线圈为主体，通过时间继电器 KT 控制 KMY 线圈、KM△ 线圈支路的通断，实现电动机 Y 形连接到 △ 形连接的自动转换。

电路工作原理分析如下。

（1）启动

按下按钮 SB2→KM 线圈得电、KMY 线圈得电、KT 线圈得电→KM 常开辅助触头闭合自锁、KM 主触头闭合、KMY 主触头闭合，KMY 常闭辅助触头分断对 KM△ 控制电路实现联锁→电动机绕组 Y 形连接→M 启动。

（2）全压运行

时间继电器 KT 线圈得电后延时动作→KT 常闭触头延时分断→KMY 线圈失电→KMY 联锁触头闭合、KMY 主触头断开→电动机定子绕组解除 Y 形接法。

时间继电器 KT 常开触头延时闭合→KM△ 线圈得电→KM△ 自锁触头闭合、联锁触头断开、主触头闭合→电动机定子绕组接成 △ 形全压运行。

（3）电动机停转

按下按钮 SB1→KM、KM△ 线圈失电→KM、KM△ 主触头分断→主电路分断→电动机失电停转。

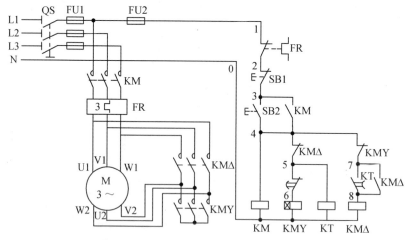

图 3-27 QX3-13 型 Y-△ 自动启动器的电路

3.5 电动机制动控制电路

电动机断开电源以后，由于惯性不会马上停止转动，而是需要转动一段时间才会完全停下来，这种情况对某些生产机械是不适宜的。如起重机的吊钩需要准确定位、万能铣床要求立即停转等。为满足生产机械的这种要求，就需要对电动机进行制动。所谓制动，就是给电动机一个与转动方向相反的转矩使它迅速停转或限制其转速。制动的方法一般有两类，分别为机械制动和电气制动。本节主要讨论电气制动，电气制动常用的方法有反接制动、能耗制动、电容制动和再生发电制动等。

3.5.1 反接制动

反接制动是利用改变电动机定子绕组中电源的相序，把电磁转矩改变成与转动方向相反的制动转矩，从而起到制动的作用。为防止电动机制动后出现反转，必须在电动机转速接近零时，及时将反接电源切断，电动机才能停下来。因此，控制电路中广泛应用速度继电器来实现电动机反接制动的自动控制。单相反接制动控制电路如图 3-28 所示。

电路工作原理分析如下。

① 按下按钮 SB2→KM1 线圈得电→KM1 自锁触头闭合、联锁触头断开、主触头闭合→电动机启动并稳定运转→速度继电器 SR 的常开触点 KS 闭合，为反接制动时接触器 KM2 线圈的通电做好准备。

② 按下复合按钮 SB1→SB1 常闭触头断开→KM1 线圈失电→KM1 自锁触头断开、联锁触头闭合、主触头断开→电动机失电作惯性转动（转速慢慢下降）。

SB1 常开触头闭合→KM2 线圈得电→KM2 自锁触头闭合、联锁触头断开、主触头闭合→电动机开始反接制动→当电动机转速下降到一定值（100r/min 左右）→速度继电器 SR 的常开触点 KS 断开→KM2 线圈失电→KM2 自锁触头断开、联锁触头闭合、主触头断开→电动机失电→反接制动结束。

限流电阻 R 的计算

$$R \approx 1.5 \frac{220}{I_q} \Omega$$ （电源电压 380V，$I_q=(5 \sim 7)I_e$）

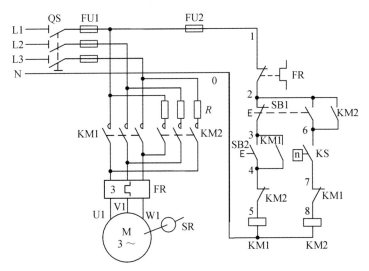

图 3-28 单相反接制动控制电路

3.5.2 能耗制动

能耗制动是在切断电动机三相电源的同时,在两相定子绕组中输入直流电流,以获得大小、方向不变的恒定磁场,利用转子感应电流与静止磁场的作用,产生一个与电动机原转矩方向相反的电磁制动转矩实现制动。由于这种方式是通过直流磁场消耗转子动能实现制动的,因此称为能耗制动。

由时间继电器控制的能耗制动控制电路如图 3-29 所示。工作原理分析如下。

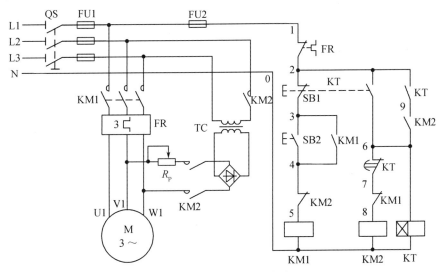

图 3-29 能耗制动控制电路

① 按下按钮 SB2→KM1 线圈得电→KM1 接触器的自锁触头闭合、联锁触头断开、主触头闭合→电动机得电运行。

② 按下按钮 SB1→SB1 常闭触头断开→接触器 KM1 线圈失电→KM1 接触器的自锁触头断开、联锁触头闭合、主触头断开→电动机失电→电动机惯性运转。SB1 的常开触头闭合→接触器 KM2 线圈得电→KM2 接触器的自锁触头闭合、联锁触头断开、主触头闭合,时间继电器 KT 线圈得电→KT 瞬时常开触头闭合自锁、KT 延时断开常闭触头延时动作;KM2 主触头闭合→直流电源通过 KM2 主触头接入电动机绕组→电动机开始能耗制动→经过一段时间延迟→时间继

电器常闭触头延时断开→KM2 线圈失电→KM2 主触头断开→断开能耗制动直流电源，KM2 辅助触头断开→时间继电器 KT 线圈失电→电动机能耗制动结束。

主电路中的可调电位器 R_P 用来调节直流制动电路中制动电流的大小，制动电流大则制动迅速。

3.6 电动机控制电路实训项目

实训项目 1 接触器自锁正转控制电路的安装与调试

【实训目标】

（1）能识读接触器自锁正转控制电路的电路图。
（2）能分析接触器自锁正转控制电路的工作原理。
（3）能看懂接线图和布置图。
（4）能根据接线图、布置图安装器件并接线。
（5）掌握电动机控制电路常规检查的方法。

【知识要点】

（1）电气原理图的识读。
（2）接触器自锁正转控制电路的工作原理。
（3）接线图、布置图的绘制。

【实训步骤】

（1）识读电气原理图 3-19，明确电路所用电气元件及其作用，熟悉电路的工作原理。
（2）根据表 3-2 配备器材，准备仪表、工具等。

表 3-2 工具、仪表和器材

工具		测电笔、螺钉旋具、尖嘴钳、斜口钳、剥线钳、电工刀等电工常用工具			
仪表		万用表、兆欧表			
器材	代号	名称	型号	规格	数量
	M	三相鼠笼式异步电动机	Y112M-2	4kW、AC380V、8.2A	1
	QS	低压断路器	DZ108	3P、20A	1
	FU1	熔断器	RT18-32X	3P、AC500V、32A、配熔体 20A	1
	FU2	熔断器	RT18-32X	1P、AC500V、32A、配熔体 2A	1
	KM	接触器	CJX2-1210	AC220V、12A	1
	FR	热继电器	JRS2-63/F	三极、20A	1
	SB	按钮	NP4-11BN	两联按钮	1
	XT	端子板	TB-1510	15A、2×10 节	1
		控制板		500mm×400mm	1
		主电路塑铜线		BV 1.5mm^2	若干
		控制电路塑铜线		BV 1.0mm^2	若干
		按钮塑铜线		BVR 0.5mm^2	若干
		接地塑铜线		BVR 1.5mm^2 黄绿双色线	若干
		木螺钉		$\phi 5\times 30$[①]	若干

① 注：本书中使用 $\phi 5\times 30$ 这种形式，表示直径为 5、长度为 30，单位为 mm。

（3）元件检查：元件的技术参数是否符合要求，外观应无损伤，备件、附件应齐全完好；

运动部件动作是否灵活、有无卡阻等不正常现象,用万用表检查电磁线圈及触头的分合情况。

（4）根据图 3-19 绘制接线图和布置图,如图 3-20 所示。

（5）根据布置图在控制板上安装电气元件（电动机除外）,安装要求如下：

① 断路器、熔断器的受电端应安装在控制板的外侧。

② 各元件的安装位置应整齐、匀称,间距合理,便于元件更换。

③ 紧固时,用力要均匀,紧固程度适中。

（6）根据接线图布线,工艺要求如下：

① 布线通道尽可能少,同路并行导线按主、控回路分类集中,单层平行密排,紧贴安装面布线。

② 同一平面的导线应高低、前后一致,不能交叉；非交叉不可时,该导线应在接线端引出时就水平架空跨线,但必须走线合理。

③ 布线应横平竖直,分布均匀；变换走向时,应垂直。

④ 布线时,严禁损伤导线绝缘层和线芯。

⑤ 接线顺序一般以接触器为中心,按由里向外、由低到高、先控制电路后主电路的顺序进行,以不妨碍后续布线为原则。

⑥ 每根剥去绝缘层导线的两端套上线号管,所有从一个接线端子到另一个接线端的导线必须连续,中间无接头。

⑦ 导线与接线端子或接线桩的连接线不得松动、压绝缘、反圈、露铜线过长等。

⑧ 同一元件、同一回路的不同接点的导线间距应保持一致。

⑨ 元件上每个接线端子的连接导线不得多于两根,接线端子排上的每个接线端子连接导线一般只允许接一根。

（7）安装电动机。

（8）连接电动机和所有电气元件金属外壳的保护接地线。

（9）连接电源和电动机等控制板外部的导线。

（10）常规检查。

① 核对接线,对照接线图,从电源端开始逐段核对线号,排除漏接、错接现象。

② 检查端子接线是否牢固。

③ 电阻测量法检查电路（断开 QS）,把万用表的转换开关置于适当的电阻挡上（数字万用表 2kΩ 挡,指针式万用表 $R \times 100$ 挡）。

● 检查主电路

如图 3-30（a）所示,依次测量 U11-V11、U11-W11、V11-W11 之间的电阻值,在接触器 KM 断开的状态下阻值均为∞；再手动按下接触器 KM,这时应测到电动机定子绕组的阻值（电动机定子绕组的直流电阻的阻值较小）。依次测量 U11-U、V11-V、W11-W 之间的阻值,在 KM 断开的状态下阻值为∞；再手动按下接触器 KM,这时阻值为 0。

● 检查控制电路

如图 3-30（b）所示,依次测量 1-2、1-3、1-4、1-0 之间的阻值。1-2 之间阻值正常为 0。1-3 之间不按下按钮 SB1 时阻值为 0,按下按钮 SB1 时阻值为∞。1-4 之间不按下按钮 SB2 时阻值为∞,按下按钮 SB2 时阻值为 0；松开 SB2,手动按下接触器 KM 时阻值为 0,不按下接触器 KM 时阻值为∞（KM 接触器能自锁）；1-0 之间按下按钮 SB2（或接触器 KM）能测到 KM 线圈的直流电阻值,不按下按钮 SB2（或接触器 KM）时阻值为∞。

（11）在常规检查一切正常的情况下,才能通电试车。

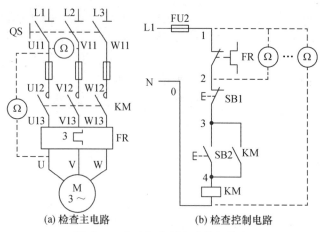

图 3-30 电动机控制电路常规检查

【成绩评定】(见表 3-3)

表 3-3 接触器自锁正转控制电路考核评分表

序号	考核内容	权重	评分标准	得分
1	准备工具、仪表	5	工具、仪表少选或错选,每个扣 2 分	
2	配备元件	10	选错型号和规格,每个扣 2 分; 选错元件数量,每个扣 1 分	
3	元件检查	5	元件漏检或错检,每处扣 1 分	
4	安装布线	40	元件布置不合理,扣 5 分; 元件安装不牢固,每个扣 4 分; 元件安装不整齐、不匀称、不合理,每个扣 3 分; 损坏元件,扣 15 分; 不按图接线,扣 15 分; 布线不符合要求:主电路,每根扣 4 分;控制电路,每根扣 2 分; 接点不符合要求,每个扣 1 分; 漏套或套错线号管,每个扣 1 分; 损伤导线绝缘层或线芯,每根扣 4 分; 漏接接地线,扣 10 分	
5	通电试车	40	第一次试车不成功,扣 20 分; 第二次试车不成功,扣 30 分; 第三次试车不成功,扣 40 分	
6	安全文明生产		违反安全文明生产规程,扣 5~40 分	
7	项目完成时间		共 120 分钟,每超过 5 分钟扣 5 分,超时不足 5 分钟按 5 分钟计算	
合计	开始时间:		结束时间:	

注:总分 100 分,安全文明生产可以实施倒扣分,其他项目扣分不超过其配分。

实训项目 2　接触器联锁正反转控制电路的安装与调试

【实训目标】

(1) 能识读接触器联锁正反转控制电路的电路图。

(2) 能分析接触器联锁正反转控制电路的工作原理。
(3) 能根据接线图、布置图安装元件并接线。
(4) 进一步熟悉电动机控制电路的常规检查方法。
(5) 进一步熟悉低压电器的应用。

【知识要点】

(1) 接触器联锁正反转控制电路的工作原理。
(2) 接触器自锁、联锁触点的应用。
(3) 电动机正反转接线。

【实训步骤】

(1) 识读电气原理图 3-23，明确电路所用电气元件及其作用，熟悉电路的工作原理。
(2) 根据表 3-4 配备器材，准备仪表、工具等。

表 3-4　工具、仪表和器材

工具	测电笔、螺钉旋具、尖嘴钳、斜口钳、剥线钳、电工刀等电工常用工具				
仪表	万用表、兆欧表				
器材	代号	名称	型号	规格	数量
	M	三相鼠笼式异步电动机	Y112M-2	4kW、AC380V、8.2A	1
	QS	低压断路器	DZ108	3P、20A	1
	FU1	熔断器	RT18-32X	3P、AC500V、32A、配熔体 20A	1
	FU2	熔断器	RT18-32X	1P、AC500V、32A、配熔体 2A	1
	KM	接触器	CJX2-1210	AC220V、12A	2
	FR	热继电器	JRS2-63/F	三极、20A	1
	SB	按钮	NP4-11BN	三联按钮	1
	XT	端子板	TB-1510	15A、2×15 节	1
		控制板		500mm×400mm	1
		主电路塑铜线		BV 1.5mm^2	若干
		控制电路塑铜线		BV 1.0mm^2	若干
		按钮塑铜线		BVR 0.5mm^2	若干
		接地塑铜线		BVR 1.5mm^2 黄绿双色线	若干
		木螺钉		ϕ5×30	若干

(3) 根据接触器联锁正反转控制电路图绘制接线图 3-31 和布置图 3-32。
(4) 根据布置图 3-32 在控制板上安装电气元件（电动机除外），安装要求同实训项目 1。
(5) 根据接线图布线，工艺要求同实训项目 1。
(6) 安装电动机。
(7) 连接电动机和所有电气元件金属外壳的保护接地线。
(8) 连接电源和电动机等控制板外部的导线。
(9) 常规检查。

① 核对接线，对照接线图，从电源端开始逐段核对线号，排除漏接、错接现象。
② 检查端子接线是否牢固。
③ 电阻测量法检查电路（断开 QS），把万用表的转换开关置于适当的电阻挡上（数字万用表 2kΩ 挡，指针式万用表 R×100 挡）。

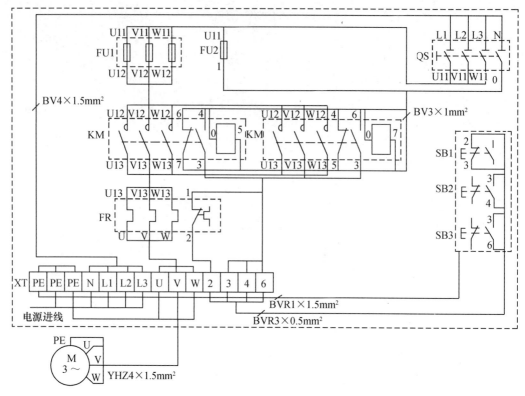

图 3-31 接触器联锁正反转控制电路接线图

- 检查主电路

如图 3-33 所示,依次测量 U11-V11、U11-W11、V11-W11 之间的电阻值,在接触器 KM1、KM2 断开的情况下阻值均为∞;再手动按下接触器 KM1(或 KM2),这时应测到电动机定子绕组的阻值(电动机定子绕组直流电阻的阻值较小)。依次测量 U11-U、V11-V、W11-W 之间的阻值,在 KM1 断开的状态下阻值均为∞;再手动按下接触器 KM1,这时阻值均为 0;手动按下 KM2,依次测量 U11-W、W11-U、V11-V 之间的阻值,若均为 0,说明实现换相。

- 检查控制电路

如图 3-34 所示,检查 KM1 接触器支路,依次测量 1-2、1-3、1-4、1-0 之间的阻值。1-2 之间阻值正常为 0。1-3 之间不按下按钮 SB1 时阻值为 0,按下按钮 SB1 时阻值为∞。1-4 之间不

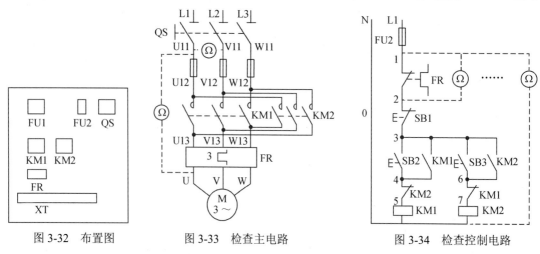

图 3-32 布置图　　图 3-33 检查主电路　　图 3-34 检查控制电路

按下按钮 SB2 时阻值为∞，按下按钮 SB2 时阻值为 0；松开按钮 SB2，手动按下接触器 KM1 时阻值为 0、不按下接触器 KM1 时阻值为∞。1-0 之间按下按钮 SB2（或接触器 KM1）能测到 KM1 线圈的直流电阻值，不按下按钮 SB2（或接触器 KM1）阻值为∞（KM1 自锁）；同时按下 KM1、KM2 两个接触器 1-0 之间的阻值为∞，说明 KM2 的联锁触头实现对 KM1 接触器的联锁。

同样的方法检查 KM2 接触器支路。

（10）在常规检查一切正常的情况下，才能通电试车。

【成绩评定】

评分标准同实训项目 1。

实训项目 3　电动机位置控制电路的安装与调试

【实训目标】

（1）能识读电动机位置控制电路的电路图。

（2）能分析电动机位置控制电路的工作原理。

（3）能根据电动机位置控制电路的电气原理图绘制接线图和布置图。

（4）能根据接线图、布置图安装元件并接线。

（5）能自己设计位置控制电路常规检查方案。

【知识要点】

（1）电动机位置控制电路的工作原理。

（2）位置开关的动作原理及应用。

【实训步骤】

（1）识读电气原理图 3-25，明确电路所用电气元件及其作用，熟悉电路的工作原理。

（2）根据表 3-5 配备器材，准备仪表、工具等。

表 3-5　工具、仪表和器材

工具	测电笔、螺钉旋具、尖嘴钳、斜口钳、剥线钳、电工刀等电工常用工具			
仪表	万用表、兆欧表			
器材	代号	名称	型号	规格	数量
	M	三相鼠笼式异步电动机	Y112M-2	4kW、AC380V、8.2A	1
	QS	低压断路器	DZ108	3P、20A	1
	FU1	熔断器	RT18-32X	3P、AC500V、32A、配熔体 20A	1
	FU2	熔断器	RT18-32X	1P、AC500V、32A、配熔体 2A	1
	KM	接触器	CJX2-1210	AC220V、12A	2
	FR	热继电器	JRS2-63/F	三极、20A	1
	SB	按钮	NP4-11BN	三联按钮	1
	SQ	行程开关	LX19K-B	AC380V、5A、一常开、一常闭	2
	XT	端子板	TB-1510	15A、2×20 节	1
		控制板		500mm×400mm	1
		主电路塑铜线		BV 1.5mm^2	若干
		控制电路塑铜线		BV 1.0mm^2	若干
		按钮塑铜线		BVR 0.5mm^2	若干
		接地塑铜线		BVR 1.5mm^2 黄绿双色线	若干
		木螺钉		$\phi 5 \times 30$	若干

（3）根据电动机位置控制电路图 3-25 绘制布置图和接线图（请同学自行绘制，需要注意的是行程开关不在控制板内）。

（4）根据布置图在控制板上安装电气元件（电动机除外），安装要求同实训项目 1。

（5）根据接线图布线，工艺要求同实训项目 1。

（6）安装电动机。

（7）连接电动机和所有电气元件金属外壳的保护接地线。

（8）连接电源和电动机等控制板外部的导线。

（9）常规检查：根据自己对位置控制电路工作原理的理解设计常规检查方案，检查方法可参阅接触器联锁正反转控制电路。注意测试行程开关在电动机位置控制电路中的作用。

（10）通电试车。

【成绩评定】

评分标准同实训项目 1。

实训项目 4　电动机 Y-Δ 降压启动控制电路的安装与调试

【实训目的】

（1）能识读电动机 Y-Δ 降压启动的电气原理图。

（2）能分析理解 Y-Δ 降压启动控制电路的工作原理。

（3）能根据接线图、布置图安装元件并接线。

（4）能自己设计 Y-Δ 降压启动控制电路常规检查方案。

（5）熟悉时间继电器的应用。

【知识要点】

（1）Y-Δ 降压启动控制电路的工作原理。

（2）鼠笼式异步电动机的两种接线方法：Y 形接法、Δ 形接法。

（3）时间继电器的动作原理及应用。

【实训步骤】

（1）识读电气原理图 3-27，明确电路所用电气元件及其作用，熟悉电路的工作原理。

（2）根据表 3-6 配备器材，准备仪表、工具等。

表 3-6　工具、仪表和器材

工具		测电笔、螺钉旋具、尖嘴钳、斜口钳、剥线钳、电工刀等电工常用工具			
仪表		万用表、兆欧表			
器材	代号	名称	型号	规格	数量
	M	三相鼠笼异步电动机	Y112M-2	4kW、AC380V、8.2A	1
	QS	低压断路器	DZ108	3P、20A	1
	FU1	熔断器	RT18-32X	3P、AC500V、32A、配熔体 20A	1
	FU2	熔断器	RT18-32X	1P、AC500V、32A、配熔体 2A	1
	KM	接触器	CJX2-2510	AC220V、12A	3
	FR	热继电器	JRS2-63/F	三极、20A	1
	SB	按钮	NP4-11BN	两联按钮	1
	KT	时间继电器	JSZ3（ST3）	AC220V、3A	1
	XT	端子板	TB-1510	15A、2×20 节	1

续表

	代号	名称	型号	规格	数量
器材		控制板		500mm×400mm	1
		主电路塑铜线		BV 1.5mm²	若干
		控制电路塑铜线		BV 1.0mm²	若干
		按钮塑铜线		BVR 0.5mm²	若干
		接地塑铜线		BVR 1.5mm² 黄绿双色线	若干
		木螺钉		φ5×30	若干

（3）根据图 3-27 绘制接线图和布置图，如图 3-35 所示。

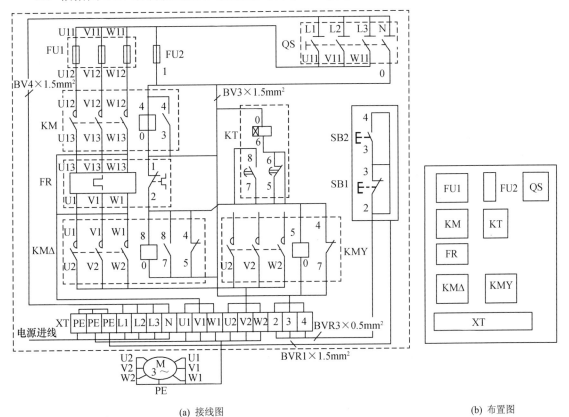

(a) 接线图 (b) 布置图

图 3-35 电动机 Y-△ 降压启动控制电路的接线图和布置图

（4）根据布置图在控制板上安装电气元件（电动机除外），安装要求同实训项目 1。
（5）根据接线图布线，工艺要求同实训项目 1。
（6）安装电动机。
（7）连接电动机和所有电气元件金属外壳的保护接地线。
（8）连接电源和电动机等控制板外部的导线。
（9）常规检查：根据自己对 Y-△ 降压启动控制电路工作原理的理解设计常规检查方案并进行检查。
（10）通电试车。

【成绩评定】

评分标准同实训项目 1。

实训项目 5　电动机反接制动控制线路

【实训目标】
(1) 能识读电动机反接制动控制电路的电气原理图。
(2) 能分析理解电动机反接制动控制电路的工作原理。
(3) 根据电动机反接制动控制电路的电气原理图绘制接线图和布置图。
(4) 能根据接线图、布置图安装元件并接线。
(5) 能自己设计反接制动控制电路常规检查方案。
(6) 熟悉速度继电器的安装和应用。

【知识要点】
(1) 电动机反接制动控制电路的工作原理。
(2) 速度继电器的工作原理及其应用。

【实训步骤】
(1) 识读电气原理图 3-28，明确电路所用电气元件及其作用，熟悉电路的工作原理。
(2) 根据表 3-7 配备器材，准备仪表、工具等。

表 3-7　工具、仪表和器材

工具		测电笔、螺钉旋具、尖嘴钳、斜口钳、剥线钳、电工刀等电工常用工具			
仪表		万用表、兆欧表			
器材	代号	名称	型号	规格	数量
	M	三相鼠笼异步电动机	Y112M-2	4kW、AC380V、8.2A	1
	QS	低压断路器	DZ108	3P、20A	1
	FU1	熔断器	RT18-32X	3P、AC500V、32A、配熔体 20A	1
	FU2	熔断器	RT18-32X	1P、AC500V、32A、配熔体 2A	1
	KM	接触器	CJX2-1210	AC220V、12A	2
	FR	热继电器	JRS2-63/F	三极、20A	1
	SB	按钮	NP4-11BN	两联按钮	1
	SR	速度继电器	JY1-2A	AC500V、2A	1
	XT	端子板	TB-1510	15A、3×25 节	1
		控制板		500mm×400mm	1
		主电路塑铜线		BV 1.5mm^2	若干
		控制电路塑铜线		BV 1.0mm^2	若干
		按钮塑铜线		BVR 0.5mm^2	若干
		接地塑铜线		BVR 1.5mm^2 黄绿双色线	若干
		木螺钉		$\phi 5 \times 30$	若干

(3) 根据图 3-28 绘制接线图和布置图，如图 3-36 所示。
(4) 根据布置图安装电气元件（电动机和速度继电器除外），安装要求同实训项目 1。
(5) 根据接线图布线，工艺要求同实训项目 1。
(6) 安装电动机和速度继电器（把速度继电器 SR 与电动机同轴安装、KS 接入控制电路）。

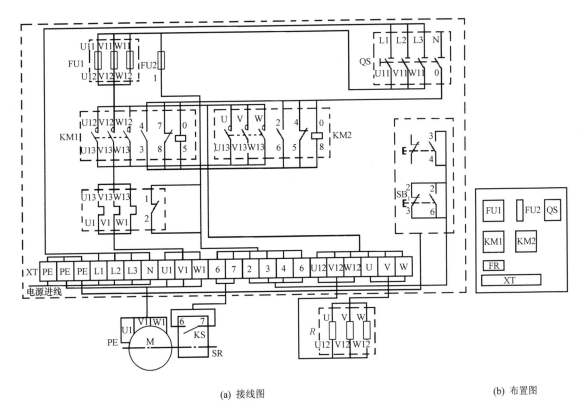

(a) 接线图　　　　　　　　　　　　　　(b) 布置图

图 3-36　反接制动控制电路接线图和布置图

(7) 连接电动机和所有电气元件金属外壳的保护接地线。

(8) 连接电源和电动机等控制板外部的导线。

(9) 常规检查：根据自己对电动机反接制动控制电路工作原理的理解设计常规检查方案并进行检查。

(10) 通电试车。

【成绩评定】

评分标准同实训项目 1。

第4章 PLC改造电气控制线路

4.1 PLC简介

可编程控制器（PLC）是一种专门为在工业环境下应用而设计的数字运算操作的电子装置。它采用可以编制程序的存储器，在其内部存储执行逻辑运算、顺序运算、计时、计数和算术运算等操作的指令，并能通过数字式或模拟式的输入和输出，控制各种类型的机械或生产过程。PLC及其有关的外围设备都应按照易于与工业控制系统形成一个整体，易于扩展其功能的原则而设计。

世界上公认的第一台PLC是1969年美国数字设备公司（DEC）研制的。限于当时的元件条件及计算机发展水平，早期的PLC主要由分立元件和中小规模集成电路组成，可以完成简单的逻辑控制及定时、计数功能。20世纪70年代初出现了微处理器，人们很快将其引入PLC，使PLC增加了运算、数据传送及处理等功能，完成了真正具有计算机特征的工业控制装置。为了方便熟悉继电器、接触器系统的工程技术人员使用，PLC采用和继电器电路图类似的梯形图作为主要编程语言，并将参加运算及处理的计算机存储元件都以继电器命名。此时的PLC为微机技术和继电器常规控制概念相结合的产物。

20世纪70年代中末期，PLC进入实用化发展阶段，计算机技术已全面引入PLC中，使其功能发生了质的飞跃。更高的运算速度、超小型体积、更可靠的工业抗干扰设计、模拟量运算、PID功能及极高的性价比奠定了PLC在现代工业中的地位。20世纪80年代初，PLC在先进工业国家中已获得广泛应用。这个时期PLC发展的特点是大规模、高速度、高性能、产品系列化。这个阶段的另一个特点是世界上生产PLC的国家日益增多，产量日益上升，标志着PLC已步入成熟阶段。

20世纪末期，PLC的发展特点是更加适应于现代工业的需要。从控制规模上来说，这个时期发展了大型机和超小型机；从控制能力上来说，诞生了各种各样的特殊功能单元，可用于压力、温度、转速、位移等各式各样的控制场合；从产品的配套能力上来说，生产了各种人机界面单元、通信单元，使应用PLC的工业控制设备的配套更加容易。

目前，PLC在国内外已广泛应用于钢铁、石油、化工、电力、建材、机械制造、汽车、轻纺、交通运输、环保及文化娱乐等各个行业，使用情况大致可归纳为如下几类。

1. 开关量的逻辑控制

这是PLC最基本、最广泛的应用领域，它取代传统的继电器控制电路，实现逻辑控制、顺序控制，既可用于单台设备的控制，也可用于多机群控及自动化流水线。如注塑机、印刷机、订书机械、组合机床、磨床、包装生产线、电镀流水线等。

2. 模拟量控制

在工业生产过程中，有许多连续变化的量，如温度、压力、流量、液位和速度等，都是模拟量。为了使PLC处理模拟量，必须实现模拟量（Analog）和数字量（Digital）之间的A/D转换及D/A转换。PLC厂家都生产配套的A/D和D/A转换模块，使PLC用于模拟量控制。

3. 运动控制

PLC可以用于圆周运动或直线运动的控制。从控制机构配置来说，早期直接用于开关量I/O

模块连接位置传感器和执行机构,现在一般使用专用的运动控制模块。如可驱动步进电机或伺服电机的单轴或多轴位置控制模块。世界上各主要PLC厂家的产品几乎都有运动控制功能,广泛用于各种机械、机床、机器人、电梯等场合。

4．过程控制

过程控制是指对温度、压力、流量等模拟量的闭环控制。作为工业控制计算机,PLC能编制各种各样的控制算法程序,完成闭环控制。PID调节是一般闭环控制系统中用得较多的调节方法。大中型PLC都有PID模块,目前许多小型PLC也具有此功能模块。过程控制在冶金、化工、热处理、锅炉控制等场合有非常广泛的应用。

5．数据处理

现代PLC具有数学运算（含矩阵运算、函数运算、逻辑运算）、数据传送、数据转换、排序、查表、位操作等功能,可以完成数据的采集、分析及处理。这些数据可以与存储在存储器中的参考值比较,完成一定的控制操作,也可以利用通信功能传送到其他智能装置,或将它们打印制表。数据处理一般用于大型控制系统,如无人控制的柔性制造系统,也可用于过程控制系统,如造纸、冶金、食品工业中的一些大型控制系统。

6．通信及联网

PLC通信包含PLC间的通信及PLC与其他智能设备间的通信。随着计算机控制的发展,工厂自动化网络发展得很快,各PLC厂商都十分重视PLC的通信功能,纷纷推出各自的网络系统。目前的PLC都具有通信接口,通信非常方便。

4.2　可编程控制器的编程语言

常见的PLC编程语言有5种：顺序功能图（Sequential Function Chart,SFC）、梯形图（Ladder Diagram,LAD）、功能块图（Function Block Diagram,FBD）、指令表（Statement List,STL）、结构化文本（Structured Text,ST）。

1．顺序功能图

顺序功能图是描述控制系统的控制过程、功能和特性的一种通用技术语言,是设计顺序控制的工具。用顺序功能图编程比较简单、结构清晰、可读性较好。

S7-200采用顺序功能图设计时,可用顺序控制继电器指令、置位/复位指令、移位寄存器指令等实现编程。

顺序功能图用约定的几何图形、有向线段和简单的文字来说明和描述处理过程及程序的执行步骤。其组成部分包括步、转换、转换条件、路径和动作或命令等,如图4-1所示。

2．梯形图

梯形图是使用最多、最普遍的一种编程语言,是与电气原理图相呼应的一种图形语言。它沿用了继电器、触点、串并联等术语和类似的图形符号,还增加了一些功能性的指令。梯形图的信号流向清楚、简单、直观、易懂,很容易被电气工程人员接受。通常各PLC生产商都把它作为第一用户语言。

梯形图中的左、右垂直线称为左、右母线。在左、右母线之间是由触点、线圈或功能框组合成的有序网络。梯形图的输入总是在图形的左边,输出总是在图形的右边。因而它从左母线开始,经过触点和线圈（或功能框）,终止于右母线,从而构成一个梯级。可把左母线看作是提供能量的母线。在一个梯级中,左、右母线之间是一个完整的"电路","能流"只能从左到右流动,不允许"短路""开路",也不允许"能流"反向流动,右母线一般可省略,如图4-2所示。

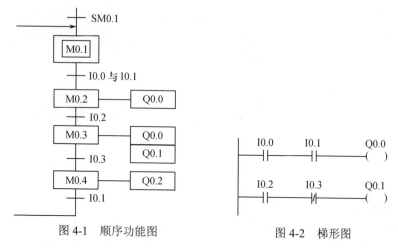

图 4-1 顺序功能图　　　　图 4-2 梯形图

梯形图程序与继电器控制电路既有联系又有区别（见表 4-1），它们的区别主要表现在以下几个方面。

① 梯形图中的编程元件是"软继电器"，每一个"软继电器"对应了用户程序存储器的数据存储区中的元件映像寄存器的一个位存储单元。位存储单元存放的数据决定了该"软继电器"线圈的状态。即位存储单元存放的数据为1，表示该"软继电器"线圈得电；位存储单元存放的数据为0，表示该"软继电器"线圈断电。

② 梯形图中触点的状态取决于与其编号相对应的位存储单元的状态，即"软继电器"线圈的状态。例如，输入继电器 I0.1 对应的位存储单元数据是 1，则扫描到 I0.1 的动合触点就取原状态 1（表示动合触点接通），扫描到 I0.1 的动断触点就取反状态 0（表示动断触点断开）。

③ 梯形图中触点的串、并联，实质是其将对应的位存储单元的状态取出来进行逻辑运算。

④ 梯形图中左边的母线为逻辑母线，每一支路均从左边的逻辑母线开始，到线圈和其他输出功能结束，梯级和母线上没有电流。分析程序时，可借用继电器控制电路的思想，假设"电流"自左向右流动（实质为扫描顺序）。

⑤ 继电器控制电路中的各元件是并行工作的，梯形图中的各元件是串行工作的，即各元件的动作顺序是按扫描顺序依次执行的。扫描顺序为自上而下、从左到右。

⑥ 梯形图中继电器的触点可以无限次地使用，但同一编号的继电器线圈一般只能使用一次。

⑦ 输入继电器线圈的状态是由输入设备驱动的，与程序运行没有关系。所以，梯形图程序中不能出现输入继电器线圈。

表 4-1 继电器符号与梯形图编程语言的区别

类型		物理继电器	PLC 继电器
线圈		⎕	—( )—
触点	常开	/	⊢⊢
	常闭	⁄	⊢/⊢

3．功能块图（FBD）

功能块图的指令由输入端、输出端及逻辑关系函数组成。可以通过 STEP 7-Micro/WIN 编程软件将梯形图转换为 FBD 程序，如图 4-3 所示。方框的左侧为逻辑运算的输入变量，右侧为输出变量，输入端、输出端的小圆圈表示"非"运算，信号自左向右流动。

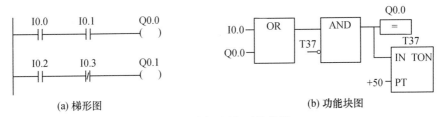

图 4-3 梯形图与功能块图

4. 指令表

指令表是一种助记符指令,由地址、助记符、数据三部分组成。指令表是常用的编程语言,尤其采用简易编程器进行编程、调试、监控时,必须将梯形图转化成指令表,然后通过简易编程器输入进行编程。梯形图对应的指令表如图 4-4 所示。

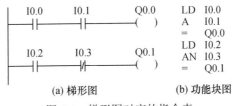

(a) 梯形图　　　　　(b) 功能块图

图 4-4 梯形图对应的指令表

4.3 PLC 改造电气控制线路

与传统继电器控制电路相比,用 PLC 控制电动机的运行状态,外部接线简单,运行稳定,故障率低,维护方便,特别是不需要改变 PLC 外电路的结构,仅通过修改程序就可实现复杂电路的功能等。继电器控制电路目前仍然应用很广泛,但在有些场合控制要求提高了,在保持原有控制功能的情况下用 PLC 替代继电器,改造起来简单又方便。

PLC 改造继电器控制电路分为 4 个基本步骤。下面以电动机 Y-△ 降压启动控制电路(见图 3-27)为例,说明 PLC 改造继电器控制电路的方法,此方法对于复杂的继电器控制电路同样适用。

第一步　主电路保持不变,分析控制电路的原理。原理分析见 3.4 节。

第二步　由继电器控制电路写出 PLC 控制电路的逻辑关系,并化简控制电路的逻辑关系。控制电路的逻辑关系:以交流接触器的线圈为控制对象,其余为响应部分,即"结果",与之串联的元件为激励部分,即"条件"。串联电路为"与"关系,符号为"×";并联电路为"或"关系,符号为"+";状态相反为"非"关系,符号为"-"。元件的开关状态:断开为"0",闭合为"1";线圈状态:有电为"1",无电为"0"。常开和常闭的逻辑关系是"非"逻辑。各种复杂的逻辑关系均是基本逻辑"与""或""非"的组合。

第三步　由控制电路的逻辑关系写出 PLC 梯形图程序。

(1) I/O 分配表,见表 4-2。

表 4-2 I/O 分配表

序号	输入		序号	输出	
1	停止按钮 SB1	I0.1	3	接触器 KM	Q0.0
2	启动按钮 SB2	I0.0	4	接触器 KMY	Q0.1
			5	接触器 KM△	Q0.2

（2）梯形图如图 4-5 所示。

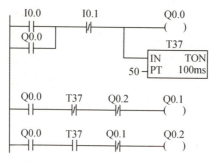

图 4-5　Y-△ 降压启动控制梯形图

第四步　画出 PLC 外部接线电路图，如图 4-6 所示。虽然程序中已经串入 Q0.1 和 Q0.2 的常闭触点，因接触器动作较 PLC 慢，为保证电路的安全运行，需在外部接线中接入 KMY 和 KM△ 的常闭触点。

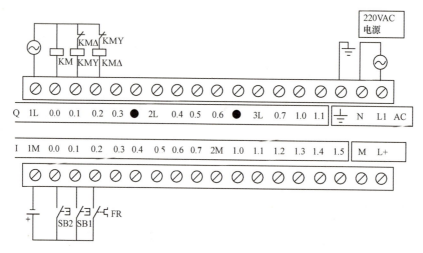

图 4-6　Y-△ 降压启动控制外部接线图

4.4　PLC 实训项目

实训项目 1　电动机 Y-△降压启动 PLC 控制电路的安装与调试

【实训目标】
（1）能识读电动机 Y-△ 降压启动控制电路的电气原理图。
（2）能理解 Y-△ 降压启动控制电路的工作原理。
（3）了解和熟悉 S7-200 PLC 的结构和外部接线方法。
（4）熟悉 STEP 7 软件的应用。
（5）能根据原理图安装元件并完成线路的安装及调试。
【知识要点】
（1）Y-△ 降压启动控制电路的工作原理。
（2）STEP 7 软件的应用。
（3）PLC 程序的编写。

【实训步骤】

(1) 识读电气原理图 3-27,明确电路所用电气元件及其作用,熟悉电路的工作原理。

(2) 根据表 4-3 配备器材,准备仪表、工具等。

表 4-3 工具、仪表和器材

工具	测电笔、螺钉旋具、尖嘴钳、剥线钳等电工常用工具				
仪表	万用表				
器材	代号	名称	型号	规格	数量
	M	三相鼠笼式异步电动机	Y112M-2	4kW、AC380V、8.2A	1
	QS	低压断路器	DZ108	3P、20A	1
	FU1	熔断器	RT18-32X	3P、500V、32A、配熔体 20A	1
	FU2	熔断器	RT18-32X	1P、500V、32A、配熔体 2A	1
	KM	接触器	CJX2-2510	AC220V、25A	3
	FR	热继电器	JRS2-63/F	三极、20A	1
	SB	按钮	NP4-11BN	两联按钮	1
	XT	端子板	TB-1510	15A、2×25 节	1
	PLC		CPU224CN		1
		安装了 STEP7-Micro/WIN 编程软件的计算机			1
		PC/PPI 编程电缆			1
		控制板		500mm×400mm	1
		主电路塑铜线		BV 1.5mm^2	若干
		控制电路塑铜线		BV 1.0mm^2	若干
		按钮塑铜线		BVR 0.5mm^2	若干
		接地塑铜线		BVR 1.5mm^2 黄绿双色线	若干
		木螺钉		$\phi 5\times 30$	若干

(3) 在控制板上安装电气元件。

(4) 根据图 3-27 的主电路完成主电路的接线。

(5) 根据图 4-6 完成 PLC 外部接线。

(6) 参照图 4-5 在计算机上完成 PLC 控制电路的编程工作并将程序下载到 PLC。

(7) 将 PLC 的工作方式开关置于 RUN 方式。

(8) 给系统通电。

(9) 按下启动按钮 SB2,观察电动机启动过程;按下停止按钮 SB1,观察电动机是否停止。

(10) 通电时,如不能实现预定动作,试分析原因,并排除故障。

【成绩评定】(见表 4-4)

表 4-4 电动机 Y-△ 降压启动 PLC 控制电路考核评分表

序号	考核内容	权重	评分标准	得分
1	准备工具仪表	5	工具、仪表少选或错选,每个扣 2 分	
2	配备元件	5	选错型号和规格,每个扣 2 分; 选错元件数量,每个扣 1 分	
3	元件检查	10	元件漏检或错检,每处扣 1 分	

续表

序号	考核内容	权重	评分标准	得分
4	安装布线	40	元件布置不合理,每个扣2分; 元件安装不牢固,每个扣1分; 损坏元件,扣15分; 不按图接线,扣5分; 布线不符合要求,每根扣2分; 接点不符合要求,每个扣1分; 漏套或套错线号管,每个扣1分; 损伤导线绝缘层或线芯,每根扣2分; 漏接接地线,扣10分	
5	通电试车	40	第一次试车不成功,扣20分; 第二次试车不成功,扣30分; 第三次试车不成功,扣40分	
6	安全文明生产		违反安全文明生产规程,扣5~20分	
7	项目完成时间		共180分钟,每超过10分钟扣5分	
合计		开始时间:	结束时间:	

注:总分100分,安全文明生产可以实施倒扣分,其他项目扣分不超过其配分。

实训项目2 PLC改造机床电路的设计与制作

【电路要求】

某机床由两台三相鼠笼式异步电动机M1与M2拖动,其拖动要求如下:
(1) M1容量较大,采用Y-△降压启动,停车带有能耗制动。
(2) M1启动20s后方允许M2启动(M2容量较小可直接启动)。
(3) M2停车后方允许M1停车。
(4) M1与M2启动、停止均要求两地控制。
(5) 电路需要有短路、过载等相关的保护环节。

【实训内容】

(1) 试设计电路原理图。
(2) 完成主电路的接线。
(3) 确定PLC的输入点、输出点,并绘制相应的梯形图。
(4) 绘制PLC外部接线图,并完成接线。
(5) 完成编程工作并将程序下载到PLC。
(6) 通电试车,观察能否实现预定功能。
(7) 如不能实现预定动作,试分析原因,并排除故障。

第5章 常用电子元器件

电子元器件是组成电子产品的基础,在各类电子产品中占有重要地位。熟悉和掌握常用电子元器件的种类、结构、性能、使用范围和性能检测,对电子产品的设计、调试有着十分重要的作用。

5.1 电 抗 元 件

电抗元件包括电阻器(电位器)、电容器和电感器(变压器),是电子产品中应用最广泛的电路元件。

5.1.1 电阻器

电阻器是具有一定电阻值的电子元件,简称电阻。它是组成电子电路不可缺少的元件,在电子设备中应用最为广泛。电阻器的主要用途是稳定和调节电路中的电流和电压,其次可作为分流器、分压器和消耗电能的负载等。

1. 电阻器的命名

根据国家标准规定,国产电阻器的型号由 5 个部分组成,如图 5-1 所示。

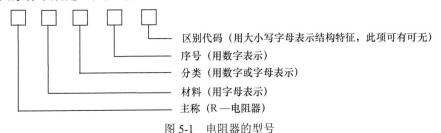

图 5-1 电阻器的型号

图 5-1 中各部分的具体含义见表 5-1。

表 5-1 电阻器的型号各部分的含义

第一部分:主称		第二部分:材料		第三部分:分类		第四部分:序号
字母	意义	字母	意义	数字或字母	意义	数字
					电阻器	
R	电阻器	T	碳膜	1	普通	对主称、材料、特征相同,仅尺寸、性能指标有偏差,但不影响互换使用的产品,则标同一序号;若尺寸、性能指标的差别影响互换使用,则标不同序号加以区分
		H	合成膜	2	普通	
		S	有机实心	3	超高频	
		N	无机实心	4	高阻	
		J	金属膜	5	高温	
		Y	氧化膜	6	—	
		C	沉积膜	7	精密	
		I	玻璃釉膜	8	高压	

续表

第一部分：主称		第二部分：材料		第三部分：分类		第四部分：序号
字母	意义	字母	意义	数字或字母	意义	数字
					电阻器	
R	电阻器	X	线绕	9	特殊	
		P	硼碳膜	G	高功率	
		U	硅碳膜	W	—	
		M	压敏	T	可调	
		G	光敏	D	—	

2．电阻器的标识

为便于生产和满足使用的需要，国家规定了电阻器的标识方法。常用的标识方法有3种，即直标法、色标法和数码法。

（1）直标法

将电阻器的类别、标称阻值、允许偏差及额定功率等直接标注在电阻器的外表面上。如图5-2所示的电阻为标称阻值10kΩ、允许偏差±10%、额定功率为0.25W的碳膜电阻。这种标识方法只适用于功率和体积较大的电阻器。

图 5-2 电阻器直标法示例

（2）色标法

在电阻器表面印制上不同颜色的色环，以表示电阻的阻值及允许误差的方法称为色标法。色标法标识的电阻较大的两端为金属帽，中间几道有颜色的圈叫色环，这些色环用来表示该电阻的阻值和允许误差。色环共有12种颜色，它们分别代表不同的数字。普通电阻器常采用四色环表示阻值和允许误差，精密电阻器常采用五色环表示阻值和允许误差。当采用四环色时，最后一环必为金色或银色，前两位为有效数字，第3位为乘方数（10^n），第4位为偏差。当采用五色环时，最后一环与前面四环距离较大，前3位为有效数字，第4位为乘方数（10^n），第五位为偏差。色环电阻数值的读取方法如图5-3所示。

图 5-3 中四色环电阻的阻值为 $22×10^0=22×1=22\Omega$，误差为±5%；五色环电阻的阻值为 $470×0.1=47\Omega$，误差为±1%。

（3）数码法

数码法是在电阻器上用3位或4位数字表示标称值的标识方法。用3位数字标识的电阻，数字从左到右第1、2位为有效值，第3位为乘方数，即10^n，单位为欧姆（Ω），误差范围一般为±5%；用4位数字表示的片状电阻，前3位表示有效数字，第4位数表示乘方数，这样得出的阻值单位也是欧姆（Ω），误差范围一般为±1%。片状电阻、排型电阻常采用数码法标识，如图5-4所示。

图5-4中，贴片电阻的标识"222"表示$22×10^2=2200\Omega$，这种电阻的误差范围一般为±5%。直插式排型电阻的标识"212J"表示$21×10^2=2100\Omega$，J表示误差为±5%。

3．电阻器的分类

（1）按结构形式分类

电阻器按结构形式分为固定电阻和可变电阻两大类，固定电阻指电阻的阻值固定不变，可变电阻的阻值根据需要可以在一定范围内进行调节。我们平常所说的电阻器一般指固定电阻器。

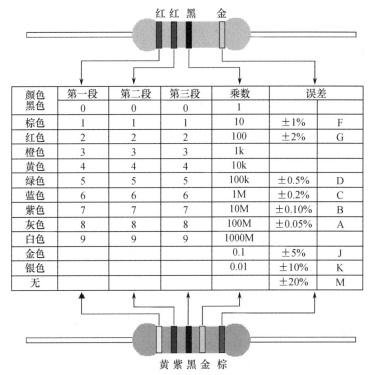

颜色	第一段	第二段	第三段	乘数	误差	
黑色	0	0	0	1		
棕色	1	1	1	10	±1%	F
红色	2	2	2	100	±2%	G
橙色	3	3	3	1k		
黄色	4	4	4	10k		
绿色	5	5	5	100k	±0.5%	D
蓝色	6	6	6	1M	±0.2%	C
紫色	7	7	7	10M	±0.10%	B
灰色	8	8	8	100M	±0.05%	A
白色	9	9	9	1000M		
金色				0.1	±5%	J
银色				0.01	±10%	K
无					±20%	M

图 5-3 色环电阻数值的读取方法

图 5-4 数码法标注的电阻器

（2）按制作材料分类

电阻器按制作材料和工艺分为碳膜电阻器、线绕电阻器、金属膜电阻器、水泥电阻器等。

（3）按形状分类

电阻器按形状分为圆柱状、管状、片状、纽扣状、马蹄状、块状等。

（4）按用途分类

电阻器按用途分为普通型、精密型、高频型、高压型、高阻型、敏感型等。

4．常用电阻器

常用电阻器的种类有许多，其性能、特点介绍如下。图 5-5 是几种电阻器的外形。

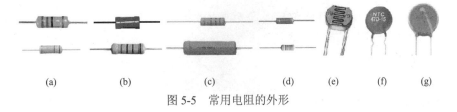

图 5-5 常用电阻的外形

（1）碳膜电阻器（RT）

碳膜电阻器为最早期且最普遍使用的电阻器，利用真空喷涂技术在瓷棒上面喷涂一层碳膜，再将碳膜外层加工切割成螺旋纹状，依照螺旋纹的多寡来确定其电阻值，螺旋纹愈多表示电阻值愈大，最后在外层涂上环氧树脂密封保护而成，外形如图 5-5（a）所示。碳膜电阻稳定性好，噪声低，价格便宜，阻值范围大，可以制作成几欧姆的低值电阻，也可以制作成几十兆欧的高值电阻，常用于精度要求不高的收音机电路中。

（2）金属膜电阻器（RJ）

金属膜电阻器是在瓷管表面利用真空蒸发或烧渗工艺蒸发沉积一层金属膜或合金膜而制成的，表面涂以红色或棕色保护漆，外形如图5-5（b）所示。金属膜电阻器比碳膜电阻器性能好，主要表现在耐热性能好（能在125℃下长期工作）、工作频率范围宽、精度高、噪声小、体积小、高频特性好、温度系数低等。由于制作成本高，价格较贵，因此这类电阻器主要用于精密仪器仪表和高档的家用电器中。

（3）线绕电阻器（RX）

线绕电阻器是用电阻系数较大的康铜、锰铜或镍铬合金电阻丝绕在陶瓷管上，在它的外层涂有耐热的绝缘层制成的，可分为固定式和可调式两种，外形如图5-5（c）所示。线绕电阻器的特点是精度高、噪声小、功率大，可承受3～100W的额定功率。它的最大特点是耐高温，可以在150℃的高温下正常工作。但由于其体积大，阻值不高（在1MΩ以下），且由于线绕电阻器的电感和分布电容较大，因而不能在高频电路中使用。

（4）金属玻璃釉电阻器（RI）

金属玻璃釉电阻器是由金属氧化物和玻璃釉黏合剂混合后，涂覆在陶瓷骨架上，再经烧结，在陶瓷基体上形成电阻膜而制成的，外形如图5-5（d）所示。该电阻器具有稳定性好、阻值范围大、噪声小、耐高温、耐潮湿等特点。

（5）光敏电阻器（RG）

光敏电阻器是利用半导体的光电效应制成的一种电阻值随入射光的强弱而改变的电阻器，外形如图5-5（e）所示。当外界光线增强时，阻值逐渐减小；当外界光线减弱时，阻值逐渐增大。光敏电阻器一般用于光的测量、光的控制、光电转换、光电跟踪、自动控制等场合。

（6）热敏电阻器（RR）

热敏电阻器是用一种对温度极为敏感的半导体材料制成的电阻值随温度变化的非线性元件，外形如图5-5（f）所示。这种电阻器受热时，阻值会随着温度的变化而变化。热敏电阻器有正、负温度系数之分：正温度系数电阻器（用字母PTC表示）随着温度的升高，阻值增大；负温度系数电阻器（用字母NTC表示）随着温度的升高，阻值反而下降。根据这一特性，热敏电阻器在控制电路中可用于控制电流的大小和通断，常作为测温、控温、补偿、保护等电路中的感温元件。

（7）压敏电阻器（RM）

压敏电阻器是使用氧化锌作为主要材料制成的半导体陶瓷器件，是对电压变化非常敏感的非线性电阻器，外形如图5-5（g）所示。在一定的温度和电压范围内，当外界电压增大时，阻值减小；当外界电压减小时，其阻值反而增大，因此，压敏电阻器能使电路中的电压始终保持稳定。在电子线路中可用于开关电路、过压保护、消噪电路、灭火花电路和吸收回路中。

5．电阻器的主要参数

（1）标称阻值

电阻器表面所标注的阻值称为标称阻值。为了便于生产，同时考虑到能够满足实际使用的需要，国家规定了电阻器的标称系列值，有E6、E12、E24、E48、…系列。常用电阻器的标称阻值系列见表5-2。

（2）允许误差

电阻器的实际阻值对于标称阻值的最大允许偏差范围称为允许误差。误差代码为M、K、J、F、D…（常见的误差范围是±20％、±10％、±5％、±1％、±0.5％…）。

表 5-2 常用电阻器的标称阻值系列

标称阻值系列	允许误差	精度等级	电阻器标称值
E6	±20%	M	1.0, 1.5, 2.2, 3.3, 4.7, 6.8
E12	±10%	K	1.0, 1.2, 1.5, 1.8, 2.2, 2.7, 3.3, 3.9, 4.7, 5.6, 6.8, 8.2
E24	±5%	J	1.0, 1.1, 1.2, 1.3, 1.5, 1.6, 1.8, 2.0, 2.2, 2.4, 2.7, 3.0 3.3, 3.6, 3.9, 4.3, 4.7, 5.1, 5.6, 6.2, 6.8, 7.5, 8.2, 9.1

（3）额定功率

额定功率是指在标准大气压和一定的环境温度下，电阻器长期连续工作而不改变其性能时所能承受的最大功率。如果电阻器上所加功率超过其额定值，电阻器可能因温度过高而烧毁。因此，选用电阻器时应留有余量，一般选取额定功率是实际消耗功率的 1.5 倍以上。

电阻器在电路中工作时实际消耗功率的计算公式

$$P = IU = I^2 R = \frac{U^2}{R}$$

（4）温度系数

当电流通过电阻器时，电阻器就会发热，其阻值也会发生变化。温度每变化 1℃所引起的电阻值的相对变化称为温度系数 ρ_T。阻值随温度升高而增大的为正温度系数，反之为负温度系数。

$$\rho_T = \frac{R_2 - R_1}{R_1(T_2 - T_1)} \quad (1/℃)$$

式中，R_1、R_2 分别为温度 T_1、T_2 时的阻值。

（5）极限电压

电阻器两端电压增加到一定数值时，会发生电击穿现象，使电阻器损坏。根据电阻器的额定功率可计算电阻器的额定电压：$U = \sqrt{P*R}$，当电阻器两端电压升高到一定值不允许再增加时的电压，称为极限电压。

6. 电阻器的测量

测量电阻器时，一般采用万用表的欧姆挡来进行。测量前，应先将指针式万用表调零。无论使用指针式还是数字万用表测量电阻值，都必须注意以下几点。

① 选挡要合适，即挡位要略大于被测电阻器的标称阻值。如果没有标称阻值，则可以先用较高挡试测，然后逐步逼近正确挡位。

② 测量时不可用两手同时抓住被测电阻器两端的引出线，那样会把人体电阻和被测电阻器并联起来，使测量结果偏小。

③ 若测量电路中的某个电阻器，必须将电阻器的一端从电路中断开，以防电路中的其他元器件影响测量结果。

④ 用欧姆挡测量在线电阻器时，必须把被测电路所有电源关断且所有电容器完全放电，才能保证测量值的正确。

5.1.2 电位器

电位器是一种阻值可以连续调节的电子元件。在电子线路中，经常用它进行阻值和电位的调节。电位器有 3 个引出端，即两个固定端和一个滑动端。电位器的标称值是两个固定端的电阻值，滑动端可在两个固定端之间的电阻体上滑动，使滑动端与固定端之间的电阻值在标称值范围内变化。电位器在电路中的外形和符号如图 5-6 所示。

电位器常用作可变电阻或用于调节电位。当电位器作为可变电阻使用时，连接方式如图 5-7（a）所示，这时将 2 端和 3 端连接，调节 2 端位置，1 端和 3 端的电阻值会随 2 端的位置而改变。

用于调节电位时，连接方式如图 5-7（b）所示，输入电压 U_1 加在 1 端和 3 端之间，改变 2 端的位置，2 端的电位 U_2 就会随之改变，起到调节电位的作用。

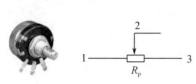

图 5-6 电位器的外形与符号

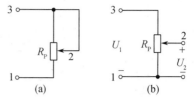

图 5-7 电位器用作可变电阻和调节电位

1. **电位器的命名**

根据国家标准规定，电位器的型号由 4 部分组成，如图 5-8 所示。

图 5-8 电位器的型号

电位器的型号中各部分的含义见表 5-3。

表 5-3 电位器的型号中各部分的含义

主称		材料		分类		序号
符号	含义	符号	含义	符号	含义	含义
W	电位器	J	金属膜	R	耐热性	用数字表示生产序号
		Y	氧化膜	G	高压	
		T	碳膜	H	组合	
		X	线绕	B	片式	
		S	有机实心	W	螺杆驱动预调	
		N	无机实心	Y	旋转预调	
		H	合成碳膜	J	单圈旋转精密	
		I	玻璃釉膜	D	多圈旋转精密	
		D	导电塑料	M	直滑式精密	
		F	复合膜	X	旋转低功率	
				Z	直滑式低功率	
				P	旋转功率	
				T	特殊类	

有些电位器型号的第三部分用数字表示电位器的额定功率。例如，电位器标识"WH5 4.7k-X"，其中 W 表示电位器，H 表示合成碳膜，5 表示额定功率 5W，4.7k 表示阻值大小 4.7kΩ，X 表示允许偏差为±0.002%。

2. **电位器的主要参数**

电位器所用的材料与电阻器相同，因而其主要参数与相应的电阻器类似。由于电位器的阻值是可调的，且又有触点存在，因此还有其他一些参数。

（1）滑动噪声

当电位器的电刷在电阻体上滑动时，电位器的滑动端与固定端之间的电压出现无规则的起伏现象，称为电位器的滑动噪声。它是由电阻体电阻率分布的不均匀性和电位器的电刷滑动时接触电阻的无规律变化引起的。

（2）分辨力

分辨力也称为分辨率，是指电位器对输出量调节可达到的精密程度。线绕电位器不如非线绕电位器的分辨率高。

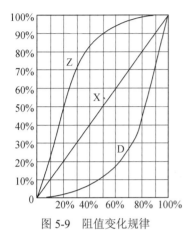

图 5-9 阻值变化规律

（3）阻值变化规律

常见的电位器阻值变化规律有线性变化（X 形）、指数式变化（Z 形）和对数式变化（D 形）3 种。3 种形式的电位器其阻值随滑动触点的旋转角度变化的曲线如图 5-9 所示。纵坐标是当某一角度时的电阻实际数值与电位器总电阻值的百分数，横坐标是旋转角与最大旋转角的百分数。

线性变化电位器的阻值和转动角度成线性关系变化，$R=k\times\theta$，阻值变化规律如图 5-9 中 X 线所示。其特点是旋动电位器轴，阻值变化均匀。线绕式电位器大多为线性电位器，这种电位器适用于调整分压、偏流。

对数式电位器的阻值随转轴的旋转变化成对数关系，$\theta=k\lg R$，阻值变化规律如图 5-9 中 D 线所示。这种电位器适用于音调控制和电视机的对比度调整。

指数式电位器的阻值随转轴的旋转变化成指数规律，$\theta=k10^R$，阻值变化规律如图 5-9 中 Z 线所示。这种电位器适用于音量控制。

3. 常用电位器

电位器的种类很多，按其电阻体所需的不同材料，可分为碳膜电位器、金属膜电位器、碳质实心电位器、有机实心电位器、线绕电位器、玻璃釉电位器等。按其结构的不同，可分为单圈、多圈电位器，单联、双联同轴电位器，带开关电位器，锁紧和非锁紧型电位器。按调节方式又分为旋转式电位器、直滑式电位器。常用电位器的外形如图 5-10 所示。

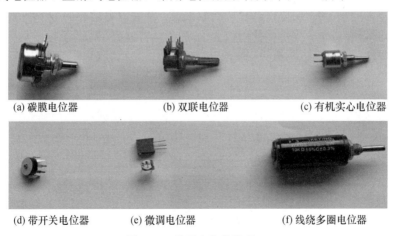

图 5-10 常见电位器外形

（1）碳膜电位器

碳膜电位器是在绝缘胶板上蒸涂一层碳膜制成的，有单联、双联和单联带开关电位器等。碳膜电位器具有成本低、结构简单、噪声小、稳定性好、电阻范围宽等优点，缺点是耐温、耐湿性差，使用寿命短。被广泛用于收音机、电视机等家用电器中。

(2) 有机实心电位器

有机实心电位器的电阻体是用碳粉、石英粉、有机黏合剂等材料混合加热后，压入塑料基体上，再经加热聚合而成的。这种电位器的分辨率高、阻值连续可调、体积小、耐高温、耐磨、可靠性好、寿命长，缺点是耐压稍低、噪声较大、转动力矩大。这种电位器多用于对可靠性要求较高的电子设备上。

(3) 线绕电位器

线绕电位器是将合金电阻丝绕制在绝缘骨架上，再配上带滑动触点的转动系统构成的。精密线绕电位器的精度高、稳定性好、电阻温度系数小、噪声低、耐压高，缺点是分辨率低、价格高，且固有电感、电容较大，不能用于频率较高的电路中。

(4) 双联电位器

双联电位器是两个电位器装在同一个轴上，是指在同一电路中的两个相互独立的电位器的组合。双联电位器中的两个电位器的电压不会相互影响，它们是两个独立的同阻值的电位器的同轴连接，在电路中可以调节两个不同的工作点电压或信号强度。例如，双声道音频放大电路中的音量调节电位器就是双联电位器，可以同时分别调节两个声道的音量。

(5) 带开关电位器

带开关电位器是在电位器上带有开关装置。开关和电位器同轴相连，但又相互独立、互不影响。主要适用于收音机、电视机内作音量控制兼电源开关。

(6) 数字电位器

数字电位器亦称数控可编程电阻器，是一种代替传统机械电位器（模拟电位器）的新型数字、模拟混合信号处理的集成电路。数字电位器由数字输入控制，产生一个模拟量的输出。依据数字电位器的不同，抽头电流最大值可以从几百微安到几毫安。数字电位器是采用数控方式调节电阻值的，具有使用灵活、调节精度高、无触点、低噪声、不易污损、抗震动、抗干扰、体积小、寿命长等显著优点，可在许多领域取代机械电位器。

4．电位器的测试

用万用表欧姆挡测量电位器两个固定端的电阻，并与标称值核对阻值。如果万用表指针不动或比标称值大得多，则表明电位器已坏；如果表针或数字万用表的数字跳动，表明电位器内部接触不好。再测滑动端与固定端的阻值变化情况，移动滑动端，若阻值从最小到最大连续变化，而且最小值很小，最大值接近标称值，说明电位器质量较好；若阻值间断或不连续，说明电位器滑动端接触不好，则不能选用。

5.1.3 电容器

电容器是在两个金属板中间夹有绝缘材料（绝缘介质）构成的，具有存储电荷功能的电子元件。它具有阻碍直流电流通过、允许交流电流通过的性能，常用于级间耦合、滤波、去耦、旁路及信号调谐（选择电台）等。电容的文字符号用字母 C 表示，基本单位是法拉（F）。在工程应用中，法拉这个单位太大，不便于使用，工程上经常使用较小的单位有 mF（毫法）、μF（微法）、nF（纳法）、pF（皮法）。这几个单位的换算关系为

$$1F=10^3 mF=10^6 \mu F=10^9 nF=10^{12} pF$$

1．电容器型号命名与标识

(1) 电容器型号命名

国产固定电容器的型号一般由 4 个部分组成，如图 5-11 所示。主称用 C 表示电容器，序号

用数字表示,对主称、材料、特征相同,仅尺寸、性能指标稍有偏差,但不影响互换使用的产品标同一序号,若尺寸、性能差别影响互换使用,则要标不同序号加以区分。图 5-11 中其余各部分的含义见表 5-4。

图 5-11 电容器的型号

表 5-4 电容器的型号中各部分的含义

材料		分 类				
字 母	含 义	数字或字母	含 义			
			瓷介电容	云母电容	有机电容	电解电容
A	钽电解	1	圆形	非密封	非密封	箔式
B	非极性有机薄膜	2	管形	非密封	非密封	箔式
C	高频陶瓷	3	叠片	密封	密封	烧结粉,非固体
D	铝电解	4	独石	密封	密封	烧结粉,固体
E	其他材料	5	穿心		穿心	
G	合金电解	6	支柱			
H	复合介质	7				无极性
I	玻璃釉	8	高压	高压	高压	
J	金属化纸介	9			特殊	特殊
L	极性有机薄膜	C	高功率			
N	铌电解	T	叠片式			
O	玻璃膜	W	微调式			
Q	漆膜	J	金属化			
S	3 类陶瓷介质	Y	高压型			
T	2 类陶瓷介质					
V	云母纸					
Y	云母					
Z	纸介					

(2)电容器的标识

电容器的标识方法一般有直标法、文字符号法、色标法 3 种。

1)直标法

直标法就是用字母或数字将电容器有关的参数标注在电容器表面上。例如,电容器表面标注 CB41 250V 2000pF±5%,表示精密聚苯乙烯薄膜电容器,其工作电压为 250V,标称电容量为 2000pF,允许偏差为±5%。

2)文字符号法

① 用 3 位数码表示电容器容量大小,单位是 pF,从左到右的前两位是有效数字,最后一位是乘方数,即前两位数乘以 10^n($n=0\sim8$),当 $n=9$ 时为特例,表示 10^{-1}。例如,电容标注

104，表示容量为 $10×10^4$pF=100000pF；电容标注 339，表示容量为 $33×10^{-1}$pF=3.3pF。

② 用大于 1 的整数表示电容器容量大小，若不标单位，则单位为 pF。例如，2200 表示 2200pF；用小于 1 的数字表示电容器容量大小，若不标单位，则单位为μF，例如，0.22 表示 0.22μF；以 n 为单位表示电容器容量大小，该字母还表示小数点位置，例如，100n 表示 0.1μF，4n7 表示 4.7nF，即 4700pF。

3）色标法

电容器的色标法（各种颜色所代表的有效数字、误差与色环电阻相同）是用不同颜色的色带或色点，按规定的方法在表面上标出其主要参数的标识方法。如图 5-12 所示，色标法标注的电容器的容量单位一般为 pF，图 5-12（a）是用色点标识的电容器，标称值为 $68×10^2$pF=6800pF，误差为±10%；图 5-12（b）是用色带标识的电容器，标称值为 $47×10^3$pF=47000pF，误差为±5%。

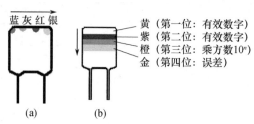

图 5-12 电容器色标法示例

2. 电容器的分类、形状及符号

电容器的种类很多，根据所用绝缘介质的不同可分为纸介、有机薄膜、瓷介、云母、电解电容器等，按其结构特点又可分为固定、可变电容器等。常见电容器分类见表 5-5。

表 5-5 常见电容器分类

固定电容器	有机介质	纸介电容器、纸膜复合介质电容器、薄膜复合介质电容器
	无机介质	云母电容器、玻璃釉电容器、陶瓷电容器
	气体介质	空气电容器、真空电容器、充气式电容器
	电解质	铝电解电容器、钽电解电容器、铌电解电容器
可变电容器	空气介质	线性电容式可变电容器、对数电容式可变电容器、线性波长式可变电容器、线性频率式可变电容器
	固体介质	云母膜可变电容器、塑料薄膜可变电容器
	微调电容	拉线型微调电容器、瓷介型可变电容器、薄膜介质型可变电容器、玻璃介质型可变电容器、空气介质型可变电容器

电容器的形状很多，如图 5-13 所示为常用电容器的形状及符号表示。

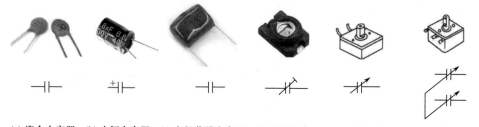

(a) 瓷介电容器　(b) 电解电容器　(c) 有机薄膜电容器　(d) 微调电容器　(e) 可变电容器　(f) 双联可变电容器

图 5-13 常用电容器的形状及符号

3. 电容器的主要参数

(1) 标称值与允许误差

电容器表面所标注的容量值为电容器的标称值。电容器的标称值是标准化了的电容值，其数值同电阻器一样，也采用 E24、E12、E6 等标称系列。允许误差是指电容器的实际容量与标称容量间的偏差，普通电容器的允许误差有±5%、±10%、±20%和大于±20%。

(2) 额定工作电压

额定工作电压是该电容器在电路中能够长期可靠地工作而不被击穿所能承受的最大直流电压（又称耐压）。耐压值的大小与电容的介质材料及厚度有关，温度对电容器的耐压也有很大的影响。

(3) 绝缘电阻

绝缘电阻也称漏电电阻，是指加到电容器上的直流电压与漏电流之比。不同种类、不同容量的电容器，绝缘电阻各不相同。绝缘电阻越大，电容器的漏电流越小，性能就越好。

(4) 介质损耗

理想的电容器不应有能量损耗，但实际上电容器在电场的作用下，总有一部分电能转换成热能，所损耗的能量称为电容器的介质损耗，包括金属极板的损耗和介质损耗两部分。

4. 电容器的测试

① 对于容量大于 5100pF 的电容器，可用万用表的 $R\times 10k$ 挡、$R\times 1k$ 挡测量电容器的两引线。正常情况下，表针先向 R 为零的方向摆动，然后向 $R\to\infty$ 的方向退回（充电）。如果退不到 ∞，而停在某一数值上，指针稳定后的阻值就是电容器的绝缘电阻。一般电容器的绝缘电阻在几十兆欧以上，电解电容器在几兆欧以上。若所测电容器的绝缘电阻小于上述值，则表示电容器漏电。绝缘电阻越小，漏电越严重，若绝缘电阻为零，则表明电容器已击穿短路；若表针不动，则表明电容器内部已开路。

② 对于容量小于 5100pF 的电容器，由于充电时间很短，充电电流很小，即使用万用表的高阻值挡测也看不出表针摆动。因此，可以借助一个具有放大作用的 NPN 型三极管来测量。测量方法：万用表的黑表笔接三极管的集电极，红表笔接发射极，电容器接到三极管的基极和集电极之间，由于晶体管的放大作用，就可以看到表针摆动，判断好坏同上所述。

③ 测电解电容器时应注意电容器的极性，一般正极引线长。注意测量时电源的正极（黑表笔）与电容器的正极相接，电源的负极（红表笔）与电容器负极相接，这种接法称为电容器的正接。因为电容器的正接比反接时的绝缘电阻大。当电解电容器的极性无法辨别时，可用以上原理来判别，但这种方法对漏电流小的电容器不易区别极性。

④ 可变电容器的漏电、碰片，可用万用表的欧姆挡来检查。将万用表的两只表笔分别与可变电容器的定片和动片引出端相连，同时将电容器来回旋转几下，表针均应在∞位置不动。如果表针指向零或某一较小的数值，则说明可变电容器已发生碰片或漏电严重。

⑤ 用指针式万用表只能判断电容器的质量好坏，不能测量其电容值是多少，用数字万用表可测量电容器容量，但若要精确测量，则需用"电容测量仪"进行测量。

5.1.4 电感器

电感器是能够把电能转化为磁能而存储起来的元件，一般由骨架、绕组、屏蔽罩、封装材料、磁芯或铁芯等组成。电感器是电子线路的重要元件之一，广泛应用于调谐、振荡、耦合、匹配、滤波等电子线路中。电感器的常用单位有亨利（H）、毫亨（mH）、微亨（μH），其关系为 $1H=10^3 mH=10^6 \mu H$。

1．电感器的型号命名

常见的国产电感器的型号由 4 部分组成，如图 5-14 所示。

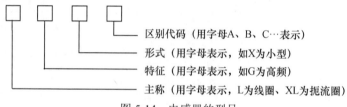

图 5-14　电感器的型号

例如，LGX 表示小型高频电感线圈。

2．电感器的标识

（1）直标法

直标法是指将电感器的标称电感量直接用数字和文字符号印在电感器的外壳上，后面用一个英文字母表示其允许偏差，各字母代表的允许偏差同电阻系列（见表 5-2）。如图 5-15（a）所示，150μH M 表示标称电感量为 150μH，允许偏差为±20%。

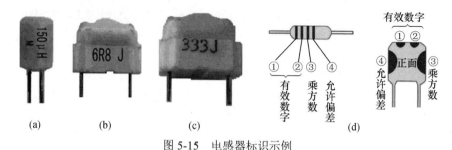

图 5-15　电感器标识示例

（2）数字符号标识法

这种方法是将电感器的标称值和允许偏差值用数字和文字符号按一定的规律组合标在电感器上。采用这种标识方法的通常是一些小功率电感器，其单位通常为 nH 或μH，分别用字母"N"或"R"表示，该字母在此位置还代表小数点。如图 5-15（b）所示，6R8J 表示电感量为 6.8μH，允许偏差为±5%。

（3）数码标识法

该方法用 3 位数字来表示电感器的标称电感量，如图 5-15（c）所示。在 3 位数字中，从左至右的前两位为有效数字，第 3 位数字表示乘方数（10^n）。数码标识法的电感量单位为μH，电感量单位后面用一个英文字母表示其允许偏差。如图 5-15（c）所示，标识为 333J 的电感量为 33×10^3=33000μH=33mH，允许偏差为±5%。

（4）色码标识法

色码标识法就是在电感器的表面涂上不同颜色的色环或色点来表示电感量。色码电感器电感量的读取方法如图 5-15（d）所示，各种颜色所代表的有效数字、误差与色环电阻相同。色码法标识的电阻器、电容器、电感器区别在于器身的底色：碳膜电阻器底色为米黄色，金属膜电阻器为天蓝色，电容器为粉红色，电感器为草绿色。

3．电感器的分类

电感器的种类很多。按形状分类，电感器可以分为平面电感器和线绕电感器。平面电感器又可分为印制电路板电感器和片状电感器；绕线电感器按绕制方式可分为单层线圈和多层线圈两种。按工作特性分类，电感器可以分为固定电感器和可变电感器两种。按功能分类，电感器可分为振荡线圈、扼流圈、校正线圈、偏转线圈等。按结构分类，电感器可分为空心线圈、磁棒线圈、铁芯线圈等。常见电感器的外形如图 5-16 所示。

图 5-16　常见电感器的外形

（1）固定电感器

① 小型固定电感器，也称为色码电感器。它是用铜线直接绕在磁性材料骨架上，然后用环氧树脂或塑料封装起来的。其外形结构如图 5-16（b）所示，主要有立式和卧式两种。这种电感器的特点是体积小、质量轻、结构牢固、安装方便，被广泛应用于收录机、电视机等电子产品中。

② 空心线圈是用导线直接在骨架上绕制而成的。其线圈内没有磁性材料做成的磁芯或铁芯，有的线圈甚至没有骨架。这种线圈由于没有铁芯或磁芯，因此电感量往往很小，一般只用在高频电路中。

③ 扼流圈可分为两类：高频扼流圈和低频扼流圈。高频扼流圈是指用漆包线在塑料或瓷骨架上绕成蜂房式结构的电感器，在高频电路中的作用是阻止高频信号通过，而让低频信号畅通无阻。低频扼流圈是指用漆包线在铁芯外经过多层绕制制成的大电感量的电感器，也有的是通过将漆包线绕在骨架上，然后在线圈中间插入铁芯制成的，它们通常与电容器组成滤波电路，用以滤除整流后的残余交流成分，从而让直流成分顺利通过。

（2）可变电感器

可变电感器是其电感值可以根据需要进行调节的电感器。这种类型的电感器通常用于调谐电路和放大器中的频带切换。可变电感器有两种主要类型，一种是抽头线圈型：电感器线圈以不同的匝数被抽头，在不同抽头之间可获得期望的电感值；另一种是可移动磁芯型：通过在电感器线圈内部移入或移出磁芯来使电感值可调。

（3）平面电感器

平面电感器是在陶瓷或微晶玻璃基片上沉积金属导线而制成的，主要采用真空蒸发、光刻电镀及塑料包封等工艺。平面电感器在稳定性、精度及可靠性方面较好。

4．电感器的主要参数

（1）电感量及允许偏差

在没有非线性导体物质存在的条件下，一个载流线圈的磁通与线圈中的电流成正比，其比例常数称为自感系数，用 L 表示，简称电感。电感的基本单位是亨利（H），常用的有毫亨（mH）、微亨（μH）、纳亨（nH）。

允许偏差是指电感器上标称的电感量与实际电感量的允许误差值。一般用于振荡或滤波等电路中的电感器要求精度较高,允许偏差为±0.2%～±0.5%;而用于耦合、高频扼流等线圈的精度要求稍低,允许偏差为±10%～±15%。

(2) 品质因数

品质因数也称 Q 值,是衡量电感器质量的主要参数。它是指电感器在某一频率的交流电压下工作时,所呈现的感抗与其等效损耗电阻之比。电感器的 Q 值越高,其损耗越小,效率越高。电感器品质因数的高低与线圈导线的直流电阻、线圈骨架的介质损耗以及铁芯、屏蔽罩等引起的损耗等有关。

(3) 分布电容

分布电容是指线圈的匝与匝之间、线圈与磁芯之间存在的电容。电感器的分布电容越小,其稳定性越好。

(4) 额定电流

额定电流是指电感器正常工作时允许通过的最大电流值。若工作电流超过额定电流,则电感器就会因发热而使性能参数发生改变,甚至还会因过流而烧毁。

5. 电感器的测试

电感线圈的参数测量较复杂,一般都是通过专用仪器进行测量的,如电感测量仪和电桥。用指针式万用表可对电感器进行最简单的通断测量,其方法是用指针式万用表的 $R×1k$ 挡或 $R×10k$ 挡,表笔接被测电感器的引出线。若表针指示电阻值为无穷大,则说明电感器断路;若电阻值接近于零,则说明电感器正常。用数字万用表可以粗测电感器的电感量,将红表笔插入"mA"插孔,黑表笔插入"COM"插孔,将量程开关旋到"mH"或"H"挡上,将测试表笔接到被测电感器上。

5.1.5 变压器

变压器是利用电磁感应的原理来改变交流电压的装置,主要部件是初级线圈、次级线圈和铁芯。变压器在电路中主要用于交流变换和阻抗变换。

1. 变压器的种类

变压器的种类繁多,根据线圈之间使用的耦合材料不同,可分为空心变压器、磁芯变压器和铁芯变压器三大类;根据工作频率的不同,又可分为高频变压器、中频变压器、低频变压器、脉冲变压器等。收音机中的磁性天线是一种高频变压器;用在收音机的中频放大级,俗称"中周"的变压器是中频变压器;低频变压器的种类较多,有电源变压器、输入/输出变压器、线间变压器等。

2. 变压器的主要参数

对不同类型的变压器都有相应的参数要求,电源变压器的主要参数有电压比、工作频率、额定电压、额定功率、空载电流、空载损耗、绝缘电阻和防潮性能等。一般低频音频变压器的主要参数有变压比、频率特性、非线性失真、磁屏蔽和静电屏蔽、效率等。

3. 变压器的测试

(1) 绝缘性能的检测

用兆欧表(若无兆欧表,可用指针式万用表的 $R×10k$ 挡)分别测量变压器铁芯与初级、初级与各次级、铁芯与各次级、静电屏蔽层与初级、次级各绕组间的电阻值,阻值应大于 $100MΩ$ 或表针指在无穷大处不动;否则,说明变压器绝缘性能不良。

(2) 初级、次级绕组的判别

电源变压器的初级绕组引脚和次级绕组引脚通常是分别从两侧引出的,并且初级绕组多标有"220V"字样,次级绕组则标出额定电压值,如 15V、24V、35V 等。对于输出变压器,初级绕组电阻值通常大于次级绕组电阻值,且初级绕组的漆包线比次级绕组细。

(3)空载电流的检测

将次级绕组全部开路,把万用表置于交流电流挡(通常 500mA 挡即可),串入初级绕组中,当初级绕组的插头插入 220V 交流市电时,万用表显示的电流值便是空载电流值。此值不应大于变压器满载电流的 10%～20%,如果超出太多,则说明变压器有短路故障。

5.2 半导体分立器件

半导体分立器件包括晶体二极管、晶体三极管及半导体特殊器件。虽然集成电路飞速发展,并在不少领域取代了晶体管,但是晶体管有其自身的特点,分立器件仍是电子产品中不可缺少的器件。

5.2.1 半导体分立器件的型号命名

1. 我国半导体分立器件的命名法

国产半导体分立器件的型号由 5 部分组成,见表 5-6。

表 5-6 国产半导体分立器件的型号命名

第一部分		第二部分		第三部分				第四部分	第五部分
用数字表示器件电极的数目		用汉语拼音字母表示器件的材料和极性		用汉语拼音字母表示器件的类型				用数字表示器件序号	用汉语拼音字母表示规格的区别代号
符号	意义	符号	意义	符号	意义	符号	意义		
2	二极管	A	N 型,锗材料	P	普通管	D	低频大功率管 (f_α<3MHz, P_C<1W)		
		B	P 型,锗材料	V	微波管				
		C	N 型,硅材料	W	稳压管				
		D	P 型,硅材料	C	参量管	A	高频大功率管 (f_α≥3MHz, P_C<1W)		
				Z	整流管				
3	三极管	A	PNP 型,锗材料	L	整流堆				
		B	NPN 型,锗材料	S	隧道管	T	半导体闸流管(可控硅整流器)		
		C	NPN 型,硅材料	N	阻尼管				
		D	NPN 型,硅材料	U	光电器件	Y	体效应器件		
		E	化合物材料	K	开关管	B	雪崩管		
				X	低频小功率管 (f_α<3MHz, P_C<1W)	J	阶跃恢复管		
						CS	场效应器件		
						BT	半导体特殊器件		
				G	高频小功率管 (f_α≥3MHz, P_C<1W)	FH	复合管		
						PIN	PIN 型管		
						JG	激光器件		

例如：

(1) 锗材料 PNP 型低频大功率三极管　　(2) 硅材料稳压二极管

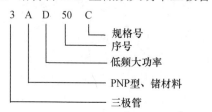
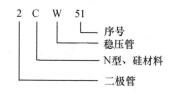

2. 国际电子联合会半导体分立器件命名法

德国、法国、意大利等欧洲国家，大都采用国际电子工业联合会规定的命名方法，这种方法的组成部分及符号意义见表 5-7。

表 5-7　国际电子联合会半导体分立器件命名法

第一部分		第二部分				第三部分		第四部分	
用字母表示使用的材料		用字母表示类型及主要特性				用数字或字母加数字表示登记号		用字母对同一型号者分档	
符号	意义	符号	意义	符号	意义	符号	意义	符号	意义
A	锗材料	A	检波、开关和混频二极管	M	封闭磁路中的霍尔元件	三位数字	通用半导体器件的登记序号（同一类型器件使用同一登记号）	A B C D E ...	同一型号器件按某一参数进行分档标志
		B	变容二极管	P	光敏元件				
B	硅材料	C	低频小功率三极管	Q	发光器件				
		D	低频大功率三极管	R	小功率可控硅				
C	砷化镓	E	隧道二极管	S	小功率开关管	一个字母加两位数字	专用半导体器件的登记序号（同一类型器件使用同一登记号）		
		F	高频小功率三极管	T	大功率可控硅				
D	锑化铟	G	复合器件及其他器件	U	大功率开关管				
		H	磁敏二极管	X	倍增二极管				
R	复合材料	K	开放磁路中的霍尔元件	Y	整流二极管				
		L	高频大功率三极管	Z	稳压二极管即齐纳二极管				

5.2.2　晶体二极管

晶体二极管简称二极管，是固态电子器件中的半导体两端器件。随着半导体材料和工艺技术的发展，利用不同半导体材料、掺杂分布、几何结构，研制出结构种类繁多、功能用途各异的多种二极管，制造材料有锗、硅及化合物半导体。二极管的主要特征是单向导电性，可用来产生、控制、接收、变换、放大信号并进行能量转换等。

1. 晶体二极管的分类

晶体二极管按材料分为锗二极管、硅二极管和砷化镓二极管等；按制作工艺分为点接触型、面接触型和平面型二极管；按功能用途分为整流二极管、检波二极管、开关二极管、稳压二极管、变容二极管、发光二极管、光敏二极管、压敏二极管和磁敏二极管等。图 5-17 是常见二极管的外形和符号。

2. 晶体二极管的主要参数

(1) 最大整流电流 I_{DM}

最大整流电流是指二极管长期工作时，允许通过的最大正向电流值。二极管工作时不能超过此值，否则二极管会发热而烧毁。

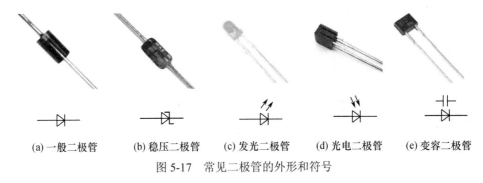

(a) 一般二极管　　(b) 稳压二极管　　(c) 发光二极管　　(d) 光电二极管　　(e) 变容二极管

图 5-17　常见二极管的外形和符号

（2）最高反向电压 U_{RM}

最高反向电压是指不致引起二极管击穿的反向电压。二极管工作电压的峰值不能超过 U_{RM}，否则反向电流增大，整流特性变坏，甚至烧毁二极管。二极管的反向工作电压一般为击穿电压的 1/2，而有些小容量二极管，其最高反向工作电压则定为反向击穿电压的 2/3。

（3）反向电流

反向电流是指二极管在规定的温度和最高反向电压作用下，流过二极管的反向电流。反向电流越小，二极管的单向导电性能越好。

（4）频率特性

由于二极管结电容的存在，当电流的频率高到某一程度时，容抗能小到使二极管 PN 结短路，导致二极管失去单向导电性，从而不能正常工作。PN 结面积越大，结电容也越大，越不能在高频情况下工作。

（5）反向恢复时间

当二极管两端电压从正向电压变成反向电压时，电流一般不能瞬时截止，要延迟一段时间，这段时间就是反向恢复时间。它直接影响二极管的开关速度。

3．常用二极管

（1）整流二极管

整流二极管一般为平面型硅二极管，用于各种电源整流电路中。选用整流二极管时，主要应考虑其最大整流电流、最大反向工作电流、截止频率及反向恢复时间等参数。稳压电源电路中使用的整流二极管，对截止频率及反向恢复时间要求不高。

（2）稳压二极管

稳压二极管又称齐纳二极管，也由一个 PN 结组成，当它的反向电压大到一定数值（即稳压值）时，PN 结被击穿，反向电流突然增加，而反向电压基本不变，从而实现稳压功能。稳压二极管的主要参数有稳定电压 U_Z、稳定电流 I_Z 和耗散功率 P_M。稳压二极管常在电子电路中起稳压、限幅、恒流等作用。选用的稳压二极管，应满足应用电路中主要参数的要求。稳压二极管的稳定电压值应与应用电路的基准电压值相同，最大稳定电流应高于应用电路的最大负载电流 50% 左右。

（3）检波二极管

检波二极管的主要作用是把高频信号中的低频信号检出。一般可选用结电容小的点接触型锗二极管。

（4）变容二极管

选用变容二极管时，应着重考虑其工作频率、最高反向电压、最大正向电流和零偏压结电容等参数是否符合应用电路的要求，应选用结电容变化大、高 Q 值、反向漏电流小的变容二极管。

（5）发光二极管

发光二极管与普通二极管一样，由一个 PN 结组成，也具有单向导电特性。当给发光二极管加上正向导通电压，有一定的电流流过时就会发光。普通发光二极管的正向饱和压降为1.5～2.4V，正向工作电流为5～20mA。

4．晶体二极管的识别与测试

（1）整流、检波、开关二极管的识别与检测

1）二极管的正、负极的判别

① 看外壳上的符号标记：通常在二极管的外壳上标有二极管的符号。如整流二极管1N4007，标有银色标志环的一端为负极；若是标有三角形箭头的二极管，则标有三角形箭头的一端为正极，另一端为负极。

② 看外壳上标记的色点：在点接触型二极管的外壳上，通常标有色点，除少数二极管（2AP9、2AP10等）外，一般标记色点的一端为正极。

③ 透过玻璃看触针：对于点接触型玻璃外壳二极管，如果标记已磨掉，则可将外壳上的漆层（黑色或白色）轻轻刮掉一点，透过玻璃看清金属触针和N型锗片的位置，有金属触针的那端是正极。

④ 用万用表判别二极管的极性：

用指针式万用表的$R\times100$挡或$R\times1k$挡判别：任意测量二极管的两个引脚，读出电阻值，然后交换表笔再读出阻值。对正常二极管来讲，两次测量值一定相差很大，阻值大的称为反向电阻，阻值小的称为正向电阻。阻值小的那一次，黑表笔（即万用表内电池正极）所接引脚为正极，红表笔（即万用表内电源负极）所接引脚为负极。通常硅二极管的正向电阻为数百欧至数千欧，反向电阻在$1M\Omega$以上；锗二极管的正向电阻为数十欧至数千欧，反向电阻在$100k\Omega$以上。

用数字万用表的二极管挡判别：任意测量二极管的两个引脚，若红表笔接二极管正极、黑表笔接负极，则数字万用表的屏幕上显示二极管的正向压降（硅管0.5～0.7V、锗管0.15～0.3V），反之显示"OL"。

2）二极管好坏的测试

用指针式万用表检测二极管的好坏。检测原理：根据二极管的单向导电性这一特点，性能良好的二极管，其正向电阻小、反向电阻大，这两个数值相差越大越好；若相差不多，说明二极管的性能不好或已经损坏。

测量时，选用指针式万用表的"Ω"挡，一般用$R\times100$挡或$R\times1k$挡，而不用$R\times1$挡或$R\times10k$挡。因为$R\times1$挡的电流太大，容易烧坏二极管，$R\times10k$挡的内电源电压太大，易击穿二极管。测量方法：将两表笔分别接在二极管的两个引脚上，读出测量的阻值；然后将表笔对换再测量一次，记下第二次的阻值。若两次阻值相差很大，说明该二极管性能良好。如果两次测量的阻值都很小，则说明二极管已经击穿；如果两次测量的阻值都很大，则说明二极管内部已经断路；如果两次测量的阻值相差不大，则说明二极管性能欠佳。在这些情况下，二极管就不能使用了。

用数字万用表的二极管挡判别时，只要将红、黑表笔分别接二极管的两极，正、反向测试两次，正向导通时显示二极管的正向压降，反向截止时显示"OL"，则说明该二极管性能良好，否则二极管已损坏。

（2）发光二极管的识别与测试

1）发光二极管的极性识别

① 根据发光二极管的外形特点识别极性：发光二极管的引脚有正、负之分，一般长的为正，短的为负；也可以从内部看到，接触面小的为正，接触面大的为负；外边有切口的为负，另一边就为正。目前绝大多数发光二极管符合这一结构特征。发光二极管的极性如图5-18所示。

② 用指针式万用表识别发光二极管的极性：选用指针式万用表的$R\times10k$挡，两表笔分别

接发光二极管的两个引脚,若测得阻值为几十至 200kΩ,且二极管发出微弱的亮光,则黑表笔接正极、红表笔接负极;若测得阻值为∞,则黑表笔接负极、红表笔接正极。

③ 用数字万用表识别发光二极管的极性:选用数字万用表的二极管挡,两表笔分别接发光二极管的两个引脚,若数字万用表的屏幕显示 1.5~2.4V 压降,且二极管发出微弱的亮光,则红表笔接正极、黑表笔接负极;若显示"OL",则黑表笔接正极、红表笔接负极。

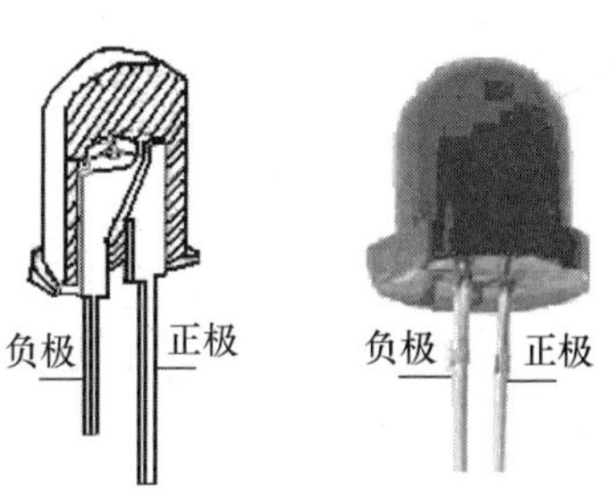

图 5-18 发光二极管的极性

2) 发光二极管性能的检测

利用具有 $R \times 10k$ 挡的指针式万用表可以大致判断发光二极管的好坏。正常时,发光二极管的正向电阻值为几十至 200kΩ,反向电阻值为∞。如果正向电阻值为 0 或∞,反向电阻值很小或为 0,则已损坏。如果用数字万用表检测发光二极管,拨至二极管挡,正向测得显示电压 1.5~2.4V,反向为"OL",否则已损坏。

(3) 稳压二极管的识别与测试

1) 稳压二极管的极性识别

稳压二极管正、负极的识别方法和普通二极管相同,从外壳上的符号标记看:通常在二极管的外壳上标有稳压二极管的符号,标有三角形箭头的管子,则标有三角形箭头的一端为正极,另一端为负极;标有色环标志的管子,有色圆环的一端为负极。

可利用 PN 结正、反向电阻不同的特性进行识别,实践中常用指针式万用表的 $R \times 1k$ 挡测量两引脚之间的电阻值,红、黑表笔互换后再测量一次。两次测得的阻值中较小的一次,黑表笔所接引脚为稳压二极管的正极,红表笔所接引脚为负极。有 3 只引脚的稳压管(如 2DW7),外形上类似三极管,但其内部是两只正极相连的稳压二极管,如图 5-19 所示。这种稳压管正、负极的识别方法与两只引脚的稳压管相同,只需测出公共正极(即第 3 脚),另两脚均为负极。

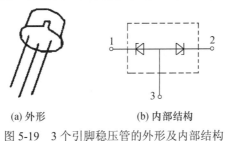

(a) 外形　　　　(b) 内部结构

图 5-19 3 个引脚稳压管的外形及内部结构

若用数字万用表测试,则选择其二极管挡位,两表笔分别接稳压二极管的两个引脚,若数字万用表的屏幕显示管压降,则红表笔接正极,黑表笔接负极;若显示"OL",则黑表笔接正极,红表笔接负极。

2) 稳压二极管好坏的检测

用指针式万用表的 $R \times 1k$ 挡测量其正、反向电阻,正常时反向电阻值较大,若发现表针摆动或其他异常现象,就说明该稳压二极管性能不良甚至损坏。用在路通电的方法也可以大致测得稳压二极管的好坏,其方法是用指针式万用表的直流电压挡测量稳压二极管两端的直流电压,若接近该稳压二极管的稳压值,说明该稳压二极管基本完好;若电压偏离标称稳压值太多或不稳定,说明稳压二极管损坏。

数字万用表检测:选择数字万用表的二极管挡位,两表笔分别接稳压二极管的两个引脚,若数字万用表的屏幕一次显示管压降,另一次显示"OL",则稳压二极管质量良好;否则,其性能不良或损坏。

5.2.3 晶体三极管

1. 三极管的结构、分类和符号

三极管由 N 型与 P 型半导体构成，有 3 个电极，即基极（B）、发射极（E）和集电极（C）。对于 PNP 型三极管，它由两块 P 型和一块 N 型半导体构成；对于 NPN 型半导体，则由两块 N 型和一块 P 型半导体构成。在 P 型与 N 型半导体的交界处形成的部分称为 PN 结，基极与集电极之间的 PN 结称为集电结，基极与发射极之间的 PN 结称为发射结。图 5-20 是晶体三极管的结构示意图和符号。三极管有多种类型，按材料分，有锗三极管、硅三极管等；按照极性的不同，又可分为 NPN 三极管和 PNP 三极管；按用途的不同，可分为大功率三极管、小功率三极管、高频三极管、低频三极管、光电三极管等；按照封装材料的不同，则可分为金属封装三极管、塑料封装三极管、玻璃壳封装（简称玻封）晶体管、表面封装（片状）晶体管和陶瓷封装晶体管等。部分晶体三极管的外形如图 5-21 所示。

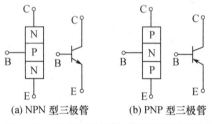

(a) NPN 型三极管　　(b) PNP 型三极管

图 5-20　晶体三极管的结构示意图和符号

图 5-21　部分晶体三极管的外形

2. 晶体三极管的主要参数

（1）电流放大系数 β 和 h_{FE}

β 是三极管的交流放大系数，表示三极管对交流（变化）信号的电流放大能力，β 等于集电极电流 I_c 的变化量 ΔI_c 与基极电流 I_b 的变化量 ΔI_b 两者之比。h_{FE} 是三极管的直流电流放大系数，是指在静态情况下三极管 I_c 与 I_b 的比值。

（2）集电极最大电流 I_{cm}

三极管集电极允许通过的最大电流即为 I_{cm}。当三极管的集电极电流 $I_c > I_{cm}$ 时，三极管的 β 等参数将发生明显变化，会影响管子正常工作，故 I_c 一般不能超出 I_{cm}。

（3）集电极最大允许功耗 P_{cm}

P_{cm} 是指三极管参数变化不超出规定允许值时的最大集电极耗散功率。使用三极管时，实际功耗不允许超过 P_{cm}，通常还应留有较大余量，因为功耗过大往往是三极管烧坏的主要原因。

（4）集电极-发射极击穿电压 $U_{(BR)CEO}$

$U_{(BR)CEO}$ 是指三极管基极开路时，允许加在集电极和发射极之间的最高电压。通常情况下，E、C 极之间电压不能超过 $U_{(BR)CEO}$，否则会引起管子击穿或使其特性变坏。

3. 晶体三极管的识别与测试

（1）晶体三极管极性的识别

1）直观法识别三极管的极性

① 小功率金属封装三极管极性的识别：三极管底视图位置放置，使 3 个引脚构成等腰三角形，顶点在上，从左向右依次为 E、B、C，如图 5-22（a）所示。

② 小功率塑封三极管极性的识别：三极管平面朝向自己，引脚朝下，从左数起，分别为 E、B、C，如图 5-22（b）所示。

③ 大、中功率塑封三极管极性的识别：大、中功率塑封三极管的散热片与集电极 C 相通，并有一个与外界散热片固定的螺丝孔，使三极管的引脚朝下，标志（指产品型号、规格）朝向自己，从左数起，分别为 B、C、E，如图 5-22（c）所示。

④ 大、中功率金属封装三极管极性的识别：大、中功率金属封装三极管的外壳为集电极 C，将引脚朝向自己，离两个电极近的螺丝孔（与外界散热片连接的固定螺丝孔）朝左，下为基极 B，上为发射极 E，如图 5-22（d）所示。

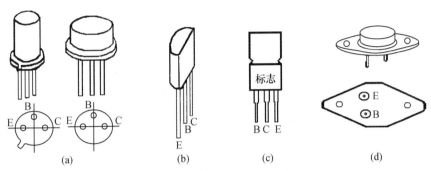

图 5-22 直观法识别三极管的极性

2）用指针式万用表识别三极管的极性

三极管内部有两个 PN 结，即集电结和发射结，根据两个 PN 结连接方式的不同，三极管可分为 NPN 型和 PNP 型两种不同导电类型，NPN 型三极管内部是两个背靠背的 PN 结，PNP 型三极管内部是两个头对头的 PN 结。因此可利用 PN 结的单向导电性，用指针式万用表的电阻挡来进行判别。

① 基极和管型的判别：选择指针式万用表的 $R\times 100$ 挡或 $R\times 1k$ 挡，在三极管的 3 个引脚之间，两两测试引脚之间的正、反向电阻，根据 PN 结正向阻值小、反向阻值大的特点，在 3 个引脚之间可测得两个 PN 结，这两个 PN 结有一个公共引脚，则该公共引脚为基极。在测量 PN 结的过程中，注意记录下 PN 结的方向，若两个 PN 结方向都指向基极，则为 PNP 型；若两个 PN 结的方向由基极指向另外两个引脚，则为 NPN 型。

② 集电极和发射极的判别：已知管型（以 NPN 型为例）和基极的基础上，通过以下方法可判别出集电极和发射极。任意假定一个引脚为集电极，则另一个视为发射极，用手指代替电阻 R 将 C 极和 B 极接在一起，如图 5-23 所示，但两极不可碰到，黑表笔连接假定的 C 极，红表笔连接假定的 E 极，记下指针偏转角度（或阻值）；再假定另一引脚为 C 极，重复以上步骤，记下偏转角度（或阻值）。比较两次偏转角度（或阻值）的大小，偏转角大（或阻值小）的那一次，假设的 C、E 极正确。若是 PNP 型三极管，与上述方法不同的是：将红表笔接任意假定的 C 极，其余的步骤及结果判别完全一样。

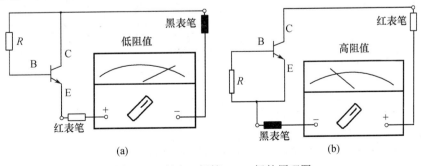

图 5-23 判定三极管 C、E 极的原理图

3）用数字万用表识别三极管的极性

① 基极、管型和材料的判别：选择数字万用表的二极管挡，在三极管的3个引脚之间测试，根据PN结的单向导电性，可在3个引脚之间测出两个PN结，这两个PN结的公共引脚为基极。在测量PN结的过程中，注意记录下PN结的方向，若两个PN结方向都指向基极，则为PNP型；若两个PN结的方向由基极指向另外两个引脚，则为NPN型。用数字万用表的二极管挡测量PN结时，若PN结正向导通，则显示屏会显示PN结的正向导通压降，硅管为0.5~0.7V，锗管为0.15~0.3V。

② 集电极和发射极的判别：在已知管型和基极的基础上，利用数字万用表的h_{FE}挡测量三极管的直流电流放大系数。把三极管的基极插入相应管型的B孔中，三极管的另外两个引脚分别插入C、E孔中，若显示屏显示的数值大于30，则插入C孔的是集电极，插入E孔的是发射极；若显示屏显示的数值小于20，则表示集电极和发射极插反了。

（2）三极管好坏的检测

指针式万用表：选用指针式万用表的$R\times100$或$R\times1k$挡，测量三极管的B极与C极、E极之间的正、反向电阻。以NPN型三极管为例，指针式万用表的黑表笔固定在B极，红表笔分别去接C极和E极，两次测量的结果是其阻值都比较小；反之，用红表笔固定在B极，黑表笔分别去接C极和E极，两次测量的结果是其阻值都比较大。若检测的结果符合上述结论，即三极管是好的；若检测的结果不符合上述结论，则三极管损坏。

数字万用表：选用数字万用表的二极管挡，测量三极管的B极与C极、E极之间的正、反向压降。以NPN型三极管为例，数字万用表的黑表笔固定在B极，红表笔分别去接C极和E极，两次测量的结果显示均为"OL"；反之，用红表笔固定在B极，黑表笔分别去接C极和E极，两次测量的结果显示均为正向导通的管压降，则说明三极管性能良好；否则质量有问题。

5.2.4 晶闸管

晶闸管又称可控硅（SCR），它能在高电压、大电流条件下工作，具有耐压高、容量大、体积小等优点，它是大功率开关型半导体器件，广泛应用在电力、电子线路中。

晶闸管分为单向晶闸管和双向晶闸管。单向晶闸管有阳极A、阴极K、控制极G这3个引脚，双向晶闸管有第一阳极A1（T1）、第二阳极A2（T2）、控制极G这3个引脚，如图5-24和图5-25所示。

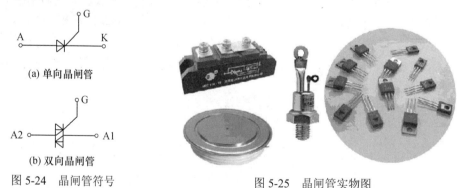

图5-24 晶闸管符号　　图5-25 晶闸管实物图

1. 单向晶闸管

（1）单向晶闸管的结构

单向晶闸管的结构和等效电路如图5-26所示。单向晶闸管内部有4个区域，3个PN结。外部引出3个电极：阳极A、阴极K、控制极（也叫门极）G。

（2）用万用表测试单向晶闸管

1）单向晶闸管的引脚判别

将指针式万用表置于 $R\times 1k$ 挡，设晶闸管 3 个引脚中任一脚为控制极 G，用黑表笔接控制极 G，然后用红表笔分别接触另外两个电极，若两次中只有一次呈现小阻值，PN 结正向导通，则这一次黑表笔接的电极是控制极 G，红表笔所接电极是阴极 K，另一电极即为阳极 A。若两次测得的阻值都为无穷大，所设电极不是控制极 G，需另设一电极再测，直到测出为止。

2）单向晶闸管好坏的判别

判别出 3 个电极后，还要测试控制极 G 和阴极 K 之间的反向电阻。若控制极 G 和阴极 K 之间的反向电阻很小，说明 G、K 之间的 PN 结已损坏。若测试中任何两电极间的正向电阻都很小或都是无穷大，也说明晶闸管已损坏。

2．双向晶闸管

（1）双向晶闸管的结构

双向晶闸管的结构和等效电路如图 5-27 所示，双向晶闸管从内部看有多个区域和多个 PN 结，相当于两个单向晶闸管的并联。外部引出 3 个电极，分别为第一阳极 A1、第二阳极 A2 和控制极 G。

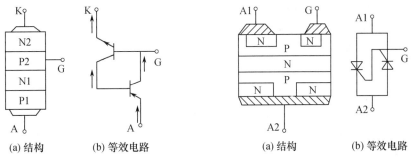

图 5-26　单向晶闸管的结构和等效电路　　图 5-27　双向晶闸管的结构和等效电路

当控制极 G 和 A1 极相对于 A2 极的电压为负时，导通方向为 A2→A1，此时 A2 为阳极，A1 为阴极。

当控制极 G 和 A2 极相对于 A1 极的电压为负时，导通方向为 A1→A2，此时 A1 为阳极，A2 为阴极。

双向晶闸管具有去掉触发电压后仍能维持导通的特性，只有当 A1、A2 间电压降低到不足以维持导通或 A1、A2 间电压改变极性又没有触发电压时，晶闸管才被阻断。

（2）用万用表测试双向晶闸管

1）判别各电极

从结构上看，G 极与 A1 极靠近，距 A2 极较远。因此，G 极与 A1 极的正、反向电阻都很小。用指针式万用表的 $R\times 1$ 挡或 $R\times 10$ 挡分别测量双向晶闸管 3 个引脚间的正、反向电阻值。若测得某一引脚与其他两脚均不通，则此引脚便是 A2 极。

找出了 A2 极之后，首先假定剩余两脚中某一引脚为 A1 极，另一引脚为 G 极。把黑表笔接 A1 极，红表笔接 A2 极，电阻为无穷大。接着用红表笔尖把 A2 极与 G 极短路，给 G 极加上负触发信号，电阻值应为 10Ω 左右，证明管子已经导通，导通方向为 A1→A2。再将红表笔尖与 G 极脱开（仍接 A2 极），若电阻值保持不变，证明管子在触发之后能维持导通状态。把红表笔接 A1 极，黑表笔接 A2 极，然后使 A2 极与 G 极短路，给 G 极加上正触发信号，电阻值仍为 10Ω 左右，与 G 极脱开后，若电阻值不变，则说明管子经触发后，在 A2→A1 方向上也能维持导通状态，因此具有双向触发性质。由此证明上述假定正确。否则假定与实际不符，需再作出假定,重复以上测量。

2)判别好坏

用指针式万用表的 $R\times 1$ 挡或 $R\times 10$ 挡测量双向晶闸管的 A1 极与 A2 极之间、A2 极与控制极 G 之间的正、反向电阻,正常时均应接近无穷大。若测得电阻值均很小,则说明该晶闸管电极间已击穿或漏电短路。

测量 A1 极与控制极 G 之间的正、反向电阻值,正常时均应在几十欧到 100Ω 之间。若测得的阻值为无穷大,则表明晶闸管已开路损坏。

5.2.5 单结管

1. 单结管的结构

单结管又称双基极二极管,由于其特殊的内部结构(见图 5-28),使单结管具有负阻特性,因此被广泛用于脉冲与数字电路中。

单结管的外形与三极管相似,也有 3 个引脚,其中一个是发射极 e,另外两个是基极:第一基极 b1 和第二基极 b2。b2 极与 b1 极之间有一个固定阻值在 $2\sim15\mathrm{k}\Omega$ 之间,由于 $R_{b1}>R_{b2}$,即 e-b1 正向电阻大于 e-b2 正向电阻,而反向电阻都为无穷大,因此利用这一点可以判断出 b1 极和 b2 极。在应用时,b1 极与 b2 极不能互相调换,对于 N 型单结管,b2 极接高电位,而对于 P 型单结管,b2 极则接低电位。

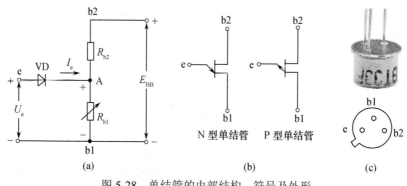

图 5-28 单结管的内部结构、符号及外形

2. 单结管的测试

将指针式万用表置于 $R\times 1\mathrm{k}$ 挡,两两测试单结管 3 个引脚之间的正、反向阻值,只能测得一组的正、反向阻值相同且在 $2\sim15\mathrm{k}\Omega$ 之间,则这两个引脚为基极 b1、b2,另一个引脚为发射极 e;然后测量发射极 e 到另外两个引脚的正向电阻,阻值大的为第一基极 b1,阻值小的为第二基极 b2。发射极 e 到两个基极 b1、b2 的反向电阻均为无穷大,否则可认为单结管已损坏。

5.3 集成电路

集成电路(Integrated Circuit,IC)是 20 世纪 60 年代初期发展起来的一种新型半导体器件。它是利用半导体制造工艺,把构成具有一定功能的电路所需的二极管、三极管、电阻、电容等元器件及它们之间的连接导线全部集成在一小块硅片上,然后封装在一个管壳内的电子器件。它具有体积小、质量轻、功耗小、性能好、可靠性高、电路稳定、成本低、便于大规模生产等优点,被广泛用于电子产品中。本节从实用角度介绍常用集成电路的分类、封装、引脚识别等内容。

5.3.1 集成电路分类

集成电路按其功能、结构的不同,可分为模拟集成电路、数字集成电路和数模混合集成电路;按制作工艺不同,可分为半导体集成电路和膜集成电路,其中膜集成电路又分为厚膜集成电路和薄膜集成电路;按集成度高低的不同,可分为小规模集成电路(SSI)、中规模集成电路(MSI)、大规模集成电路(LSI)、超大规模集成电路(VLSI)、特大规模集成电路(ULSI)、巨大规模集成电路(GSI);按导电类型可分为双极型集成电路和单极型集成电路;按应用领域可分为标准通用集成电路和专用集成电路等。

5.3.2 集成电路命名

集成电路的品种、型号繁多,难以计数,面对飞速发展的电子产业,国际上对集成电路的型号命名无统一标准,各厂商或公司都按自己的一套命名方法来生产。这给识别集成电路型号带来了极大的困难,因此,在选择集成电路时要以产品手册为准。

我国集成电路型号的命名方法采用与国际接轨的准则,共由 5 部分组成,各部分的含义见表 5-8。

第一部分用字母"C"表示该集成电路为中国制造,符合国家标准。
第二部分用字母表示集成电路的类型。
第三部分用数字或数字与字母混合表示集成电路的系列和代号。
第四部分用字母表示电路的工作温度范围。
第五部分用字母表示集成电路的封装形式。

表 5-8 国产集成电路型号命名及含义

第一部分		第二部分		第三部分	第四部分		第五部分	
字母	含义	字母	含义		字母	含义	字母	含义
C	中国制造	B	非线性电路	用数字或数字与字母混合表示集成电路系列和代号	C	0~70℃	B	塑料扁平
		C	CMOS 电路		G	-25~70℃	C	陶瓷芯片载体
		D	音响电视电路		L	-25~85℃	D	陶瓷直插
		E	ECL 电路		E	-40~85℃	E	塑料芯片载体
		F	线性放大器		R	-55~85℃	F	全密封扁平
		H	HTTL 电路		M	-55~125℃	G	网络阵列
		J	接口电路				H	黑瓷扁平
		M	存储器				J	黑陶双列直插
		T	TTL 电路				K	金属菱形
		W	稳压器				P	塑料双列直插
		μ	微处理器				S	塑料单列直插
		AD	A/D 转换器				T	金属圆形
		DA	D/A 转换器				W	陶瓷扁平
		SC	通信专用电路					
		SS	敏感电路					
		SW	钟表电路					

示例：

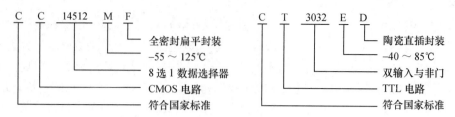

5.3.3 集成电路引脚识别

① 圆形封装集成电路，将引脚对准自己，正视引脚，以管壳的凸起（标记）定位，顺时针为 1、2、3⋯，如图 5-29（a）所示。

② 单列直插式集成电路的识别标记，有的用倒角，有的用凹坑。这类集成电路引脚的排列方式也是从标记开始，从左向右依次为 1、2、3⋯，如图 5-29（b）、（c）所示。

③ 扁平型封装的集成电路多为双列型，这种集成电路为了识别引脚，一般在端面一侧有一个类似引脚的小金属片，或者在封装表面上有一色标或凹口作为标记。其引脚排列方式是：从标记开始，沿逆时针方向依次为 1、2、3⋯，如图 5-29（d）所示。

④ 双列直插式集成电路的识别标记多为半圆形凹口，有的用金属封装标记或凹坑标记。这类集成电路引脚排列方式也是从标记开始，沿逆时针方向依次为 1、2、3⋯，如图 5-29（e）、（f）所示。

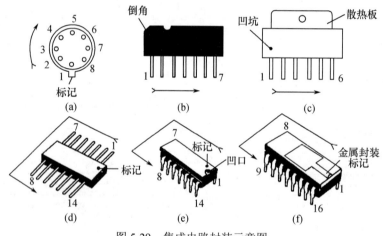

图 5-29 集成电路封装示意图

5.3.4 集成电路的检测

集成电路内部元件众多，电路复杂，所以一般常用以下几种方法概略判断其好坏。

1. 电阻法

① 通过测量单块集成电路各引脚对地的正、反向电阻，与参数资料或另一块好的相同集成电路进行比较，从而作出判断。注意，必须使用同一万用表的同一挡测量，结果才准确。

② 在没有对比条件的情况下只能使用间接电阻法测量，即在印制电路板上通过测量集成电路引脚外围元件好坏（电阻、电容、晶体管）来判断，若外围元件没有损坏，则集成电路有可能已损坏。

2. 电压法

测量集成电路引脚对地的静态电压（有时也可测其动态电压），与线路图或其他资料所提供的参数电压进行比较,若发现某些引脚电压有较大差别,其外围元件又没有损坏,则判断集成电路有可能已损坏。

3. 波形法

用示波器测量集成电路各引脚波形是否与原设计相符,若发现有较大区别,并且外围元件又没有损坏,则原集成电路有可能已损坏。

4. 替换法

用相同型号集成电路替换实验,若电路恢复正常,则集成电路已损坏。

5.4 表面组装元器件

表面组装元器件按照功能分类,可分为无源元件(简称 SMC)和有源器件(简称 SMD)两大类。

5.4.1 无源元件

无源元件(SMC)包括片状电阻器、电容器、电感器、滤波器和陶瓷振荡器等,使用最为广泛、品种规格最齐全的是电阻器和电容器。

1. 表面组装电阻器

(1) 矩形片状电阻器

矩形片状电阻器的外形为扁平状,如图 5-30 所示,是一个矩形六面体(长方体),根据外形尺寸的大小可划分为几个系列型号。片状电阻器多以外形尺寸(长×宽)命名,如表 5-9 所示。

表 5-9 矩形片状电阻器的外形尺寸

型号	3216/1206	2012/0805	1608/0603	1005/0402
公制/mm×mm	3.2×1.6	2.0×1.2	1.6×0.8	1.0×0.5

通常在矩形片状电阻器上用 3 个数字标识,数字有几种表示方法:阻值小于 10Ω 的,在两个数字之间补加"R";阻值在 10Ω 以上的,则最后一数值表示增加零的个数。如 4.7Ω 记为 4R7,100Ω 记为 101,10kΩ 记为 103,3.9kΩ 记为 392。

矩形片状电阻器的体积虽然小,但它的数值范围和精度并不差(见表 5-10)。其一般用于电子调谐器和移动通信等频率较高的产品中,可以提高整机安装密度和可靠性,制造薄型整机。

表 5-10 矩形片状电阻器的数值范围和精度

型号	阻值范围	允许偏差	额定功率/W	工作温度上限/℃
3216	0.39Ω~10MΩ	±1%、±2%、±5%、±10%	1/8、1/4	70
2125	1Ω~10MΩ	±1%、±2%、±5%、±10%	1/10	70
1608	2.2Ω~10MΩ	±2%、±5%、±10%	1/16	70
1005	10Ω~1.0MΩ	±2%、±5%	1/16	70

(2) MELF 型电阻器

MELF 型电阻器是圆柱形的电阻器,如图 5-31 所示,它是将普通圆柱长引线电阻去掉引线、两端改为电极的产物。圆柱形电阻器一般采用色码法标识。与矩形片状电阻器相比,MELF 型电阻器的高频特性差,但价格较低,而且噪声和三次谐波失真较小,因此多用在音响设备中。

2. 表面组装电容器

表面组装电容器简称片状电容器,目前已发展成为多品种、多系列产品。按外形、结构和

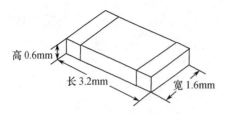

图 5-30　矩形片状电阻器 3216 的外形尺寸　　图 5-31　圆柱形电阻器

用途来分,可分为片状瓷介电容器、片状钽电解电容器、片状铝电解电容器、片状云母电容器、片状薄膜电容器、片状微调电容器等。目前生产和应用比较多的主要有两种:片状陶瓷系列(瓷介)电容器和片状钽电解电容器。其中,片状瓷介电容器少数为单层结构,大多数为多层叠状结构,又称 MLC。下面介绍几种常见的片状电容器。

(1) 矩形片状瓷介电容器

在制作时将作为内电极材料的白金、钯或银的浆料印制在生坯陶瓷膜上,经叠层烧结后,再涂覆外电极。内电极一般采用交替层叠的形式,根据电容量的需要,少则二三层,多则数十层,它以并联方式与两端面的外电极连接,分成左、右两个外电极端。外电极的结构与片状电阻器一样,也采用三层结构。如图 5-32(a)所示。

(2) 片状钽电解电容器

片状钽电解电容器通常称为钽电容。钽电容具有比较小的尺寸,单位体积容量大。具有 3 种不同类型:裸片形、塑封形、圆柱形,主要适用于小信号低电压应用,它的电容量和额定电压的适应范围比插装元件明显要小一些。钽电容是有方向的,它的外壳是有色塑料封装,一端印有深色标记线为正极。在钽电容本体上一般均有容量值和耐压值的标识。其外形如图 5-32(b)所示。

(3) 片状铝电解电容器

片状铝电解电容器主要用于各种消费类、通信类、计算机类等要求高可靠性的场合。铝电解电容器按外形和封装材料的不同,可分为矩形铝电解电容器(树脂封装)和圆柱形铝电解电容器(金属封装)两类,如图 5-32(c)所示。

(a) 瓷介电容器的结构和外形　　(b) 钽电解电容器　　(c) 铝电解电容器

图 5-32　片状电容器的外形

5.4.2　有源器件

有源器件(SMD)包括各种半导体器件,如二极管、晶体三极管、场效应管等,也有数字集成电路和模拟集成电路的集成器件。

1. SMD 分立器件

大部分半导体分立器件都可以采用表面组装的形式,SMD 与普通安装器件的主要区别就在于外形的封装形式上。二端 SMD 分立器件一般是二极管类器件,这类器件如果有极性,会在负极做白色或黑色的标记;三端 SMD 分立器件一般是晶体三极管;四端~六端 SMD 分立器件内则大多封装了两只晶体三极管或场效应管。典型 SMD 的封装外形如图 5-33 所示。

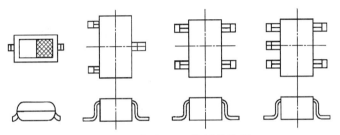

图 5-33 典型 SMD 的封装外形

2. SMD 集成电路

集成电路芯片的封装技术已经历了好几个阶段的发展，从 DIP、SOP、QFP、PLCC、PGA、BGA 到 COB，再到 MCM，技术指标越来越先进，芯片面积与封装面积之比越来越接近于 1，适用频率越来越高，耐热性能越来越好，引脚数目越来越多，引脚间距越来越小，芯片质量越来越小，可靠性得到显著提高，使用起来也越来越方便。下面介绍几种常见的封装形式。

（1）SOP 封装

小外形集成电路又称小外形封装 SOP，由双列直插式封装（DIP）演变而来，是 DIP 集成电路的缩小形式。这种集成电路的引线在封装体的两侧，引线的形状有 L 形、J 形等，如图 5-34 所示。

（2）QFP 封装

QFP 封装是指在集成电路芯片的四边有 L 形引脚，如图 5-35 所示。

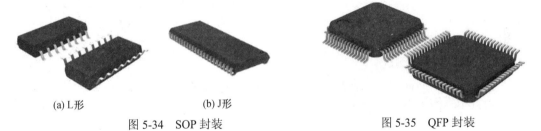

(a) L形　　　　　　　(b) J形

图 5-34　SOP 封装　　　　　　　　　　　图 5-35　QFP 封装

（3）PLCC 封装

PLCC 封装是指在集成电路芯片的四边有引脚，引脚都弯成 J 形并向封装体底部弯曲（见图 5-36），因而这种封装比 QFP 封装更节省 PCB 面积，但检测和维修更困难。

（4）PGA 与 BGA 封装

针栅阵列（PGA）与球栅阵列（BGA）封装是把引线排成阵列形式并均匀分布在集成电路芯片的底面，因此引线增多、间距不必很小。PGA 封装的引脚呈针形，通过插座与印制电路板连接；BGA 封装的引脚呈球形，直接贴装到印制电路板上。如图 5-37 所示。

（5）COB（板载芯片）封装

这种封装即通常所称的"软封装"，它是将集成电路芯片直接粘在 PCB 上，将引线直接焊到 PCB 的铜箔上，最后用黑色塑胶密封，如图 5-38 所示。

(a) PGA封装　(b) BGA封装

图 5-36　PLCC 封装　　图 5-37　PGA 和 BGA 封装　　图 5-38　COB 封装

5.5　电子元器件识别与测试实训

【实训目标】
(1) 能根据电抗元件的标识,识别其相关参数。
(2) 能用万用表测试电抗元件的相关参数及好坏。
(3) 能根据二极管、三极管的标识,识别其极性和引脚。
(4) 能用万用表识别二极管、三极管、晶闸管、单结管的极性和引脚。
(5) 能用万用表检测二极管、三极管、晶闸管、单结管的好坏。

【知识要点】
(1) 电抗元件的标识及其主要参数。
(2) 二极管的结构和主要参数。
(3) 三极管的结构和主要参数。
(4) 晶闸管、单结管的结构。

【实训器材】
直标法电阻 2 只,色标法电阻(五环、四环不同阻值电阻各 2 只)4 只;铝电解电容器 1 只,钽电解电容器 1 只,数码法标识电容器 3 只;空心电感 1 只,色环电感 1 只,磁珠电感 1 只;整流二极管、稳压二极管、发光二极管各 1 只;PNP 型、NPN 型三极管各 1 只;晶闸管(单向、双向各 1 只)2 只;单结管 1 只;指针式万用表、数字万用表各 1 台。

【实训内容及要求】
1. 电阻器的识别与测试
(1) 根据电阻器的标识,识别其标称值、误差、额定功率。
(2) 用万用表测出电阻器的阻值。

2. 电容器的识别与测试
(1) 根据电容器的标识,识别其标称值、误差、额定电压。
(2) 用万用表测量电容器的电容量并判别其好坏。

3. 电感器的识别与测试
(1) 根据电感器的标识,识别其标称值、误差。
(2) 用万用表测量电感器的电感量并判别其好坏。

4. 二极管的识别与测试
(1) 根据标识识别二极管的极性。
(2) 用万用表判别二极管的极性和好坏。

5. 三极管的识别与测试
(1) 根据标识识别三极管的 3 个电极。
(2) 用万用表判别三极管的管型、极性及好坏,测试三极管的 h_{FE}。

6. 晶闸管的识别与测试
用万用表识别晶闸管的极性,判别晶闸管的好坏。

7. 单结管的识别与测试
用万用表识别单结管的极性,判别单结管的好坏。

第6章 焊接技术

焊接是金属加工的基本方法之一。通常焊接技术分为熔焊、压焊和钎焊三大类，在电子设备装配与维修中主要采用的是钎焊。所谓钎焊，是指利用熔点比母材（被钎焊材料）熔点低的填充金属（称为钎料或焊料），将焊件和钎料加热到高于钎料熔点、低于母材熔化温度，利用液态钎料润湿母材，填充接头间隙并与母材相互扩散实现连接焊件的方法。采用铅锡焊料进行的焊接称为铅锡焊，它是钎焊的一种，简称锡焊。

6.1 锡焊机理

利用加热或其他方法，使焊料与被焊接金属（也称母材或焊件）原子之间互相吸引（互相扩散），依靠原子间的内聚力使两种金属永久地牢固结合，这种方法称为焊接。从理解锡焊过程、指导正确的焊接操作来说，锡焊机理可认为是将表面清洁的焊件与焊料加热到一定温度，焊料熔化并润湿焊件表面，在其界面上发生金属扩散并形成合金层，从而实现金属间的连接。

6.1.1 扩散

金属之间的扩散现象是在温度升高时，由于金属原子在晶格点阵中呈热振动状态，因此它会从一个晶格点阵自动地转移到其他晶格点阵。扩散并不是在任何情况下会发生的，而是有条件的。发生扩散的两个基本条件是距离和温度。

1. 距离

两块金属必须接近到足够小的距离。只有在一定小的距离内，两块金属原子间引力作用才会发生。金属表面的氧化层、油污、灰尘等都会使两块金属达不到这个距离。

2. 温度

只有在一定温度下金属分子才具有动能，使得扩散得以进行。

锡焊就其本质上说，是焊料与焊件在其界面上的扩散。焊件表面的清洁、焊件的加热是达到其扩散的基本条件。

6.1.2 润湿

润湿是发生在固体表面和液体之间的一种物理现象。固体表面与液体接触时，原来的固相-气相界面消失，形成新的固相-液相界面，这种现象叫润湿。润湿能力就是液体在固体表面铺展的能力，通常用接触角（又称润湿角）来反映润湿的程度。在液、固、气三相的交界处作液体表面的切线与固体表面的切线（见图6-1），两切线通过液体内部所成的夹角 θ 称为接触角。当 θ 为锐角时，液体在固体表面上扩展，即液体润湿固体；$\theta=0$ 时，称为完全润湿；θ 为钝角时，液体表面收缩而不扩展，液体不润湿固体，简称不润湿；当 $\theta=\pi$ 时，称为完全不润湿。

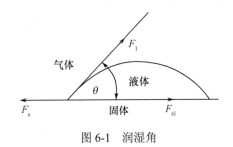

图6-1 润湿角

在锡焊过程中，熔化的铅锡焊料和焊件之间的作用,正是应用的这种润湿现象。如果焊料能润湿焊件,我们就说它们之间可以焊接。观测润湿角是锡焊检测的方法之一。润湿角越小,焊接质量越好。一般质量合格的铅锡焊料和铜之间的润湿角可达 20°,实际应用中一般以 45°作为焊接质量的检验标准。

6.1.3 合金层

焊料润湿焊件的过程中,符合金属扩散的条件,所以焊料和焊件的界面有扩散现象发生。这种扩散的结果,使得焊料和焊件界面上形成一种新的金属合金层,我们称之为结合层。结合层的成分既不同于焊料又不同于焊件,而是一种既有化学作用(生成金属化合物,如 Cu_6Sn_5、Cu_3Sn、$Cu_{31}Sn_8$ 等),又有冶金作用的特殊层。铅锡焊料和铜在锡焊过程中生成的结合层,厚约 1.2~10μm。由于润湿扩散过程是一种复杂的金属组织变化和物理冶金过程,因此结合层的厚度过薄或过厚都不能达到最好的性能。结合层小于 1.2μm,实际上是一种半附着性结合,强度很低;而大于 6μm 则使组织粗化,产生脆性,降低强度。理想的结合层厚度是 1.2~3.5μm,强度最高,导电性能好。

6.2 常用焊接工具与材料

6.2.1 焊接工具的选用和保养

焊接在电子产品装配过程中是一项很重要的技术。电烙铁是手工锡焊的基本工具,一把质量优良、功率合适、形状恰当的电烙铁是实现良好焊接的一个重要前提,所以,对它的选用和保养在手工焊接中至关重要。电烙铁的种类及规格有很多种,而且被焊工件的大小又有所不同,因而合理地选用电烙铁的功率及种类,对提高焊接质量和效率有直接的关系。

1. 电烙铁的选择

(1)电烙铁功率的选择

① 焊接集成电路、一般印制电路板、晶体管及其他受热易损坏的元器件时,考虑选用 20W 内热式、25W 外热式或恒温式电烙铁。

② 焊接较粗导线及同轴电缆时,应选用 45~75W 外热式电烙铁,或 50W 内热式电烙铁。

③ 焊接较大的元器件时,如输出变压器的引脚、大电解电容器的引脚、金属底盘接地焊片等,应选用 75~100W 内热式电烙铁。

(2)烙铁头的选择

烙铁头的形状比较多,如图 6-2 所示,选择合适形状的烙铁头能显著提高工作效率和焊接质量。

① I 型(尖锥形):I 型烙铁头尖端细小,适用于精细焊接,或焊接空间狭小的情况,也可以修正焊接芯片时产生的锡桥。

② B 型(圆锥形):B 型烙铁头无方向性,整个烙铁头前端均可进行焊接,适用于密集型焊点。

③ C 型(斜切圆柱形):包括 0.5C、0.8C、1C、2C、3C、4C 等。

0.5C、0.8C、1C 型烙铁头非常精细,适用于焊接细小元器件,或修正表面焊接时产生的锡桥、锡柱等。

2C、3C 型烙铁头,适合焊接电阻、二极管之类的 THT(通孔插装技术)元器件,齿距较大的 SOP 及 QFP 也可以使用。

4C 型烙铁头适用于粗大的端子、电路板上的接地、电源部分等需要较大热量的焊接场合。

④ D 型（一字型）：用批咀部分进行焊接，适合需要多锡量的焊接，如焊接面积大、粗端子、焊盘大的焊接环境。

⑤ K 型（刀型）：利用刀形部分进行焊接，是一种多用途的烙铁头，适用于 PLCC、SOP、QFP 封装器件，电源、接地部分元器件，修正锡桥，连接器等的焊接。

⑥ H 型（弯嘴形）：相应的镀锡层位于烙铁头底部，适用于拉焊式焊接齿距较大的 SOP、QFP 封装器件等的焊接。

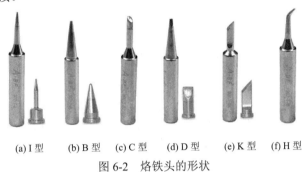

(a) I 型　(b) B 型　(c) C 型　(d) D 型　(e) K 型　(f) H 型

图 6-2　烙铁头的形状

2．电烙铁的保养

（1）焊接工作前

先把清洁海绵湿水，挤去多余的水分，再用湿润的海绵清洁烙铁头，可得到最好的清洁效果。如用非湿润的海绵，会使烙铁头受损而导致不上锡。

（2）焊接过程中

① 先清洁烙铁头上的旧锡及氧化物，对于可调温的电烙铁尽量使用低温焊接，高温会使烙铁头加速氧化，降低烙铁头的寿命。如果烙铁头温度超过 470℃，则它的氧化速度是 380℃的 2 倍。

② 在焊接时不能施加压力过大，否则会使烙铁头受损变形。只要烙铁头能充分接触焊点，热量就可以传递出去。

③ 经常保持烙铁头上锡，可以减小烙铁头的氧化机会，使烙铁头更耐用。

④ 保持烙铁头清洁，如果烙铁头上有黑色氧化物，就可能无法上锡，须立即进行清理。用湿润的清洁海绵清洁烙铁头，然后再上锡，不断重复该动作，直到把氧化物清理干净为止。

（3）焊接结束后

焊接完成后清洁烙铁头，再加上一层新锡作保护，并把电烙铁放回烙铁架。

6.2.2　焊料

焊接两种或两种以上金属面并使之成为一个整体的金属或合金，称为焊料。焊料是易熔金属，它在母材表面能形成合金，并与母材连为一体，不仅实现机械连接，而且也有良好的电气性能。电子线路的焊接温度通常在 180～300℃之间，所用焊料的成分主要是锡和铅，故又称为锡铅焊料。

1.铅锡合金

锡（Sn）是一种质软、低熔点金属，熔点为 232℃，质脆、机械性能差。铅（Pb）是一种浅青白色软金属，熔点为 327℃，塑性好，有较高的抗氧化性和抗腐蚀性。铅锡合金具有一系列铅和锡所不具备的优点：熔点低（183℃）、机械强度高、表面张力小、抗氧化性好等。图 6-3 表示不同比例的铅和锡混合后其状态随温度变化的曲线，称为铅锡合金状态图。

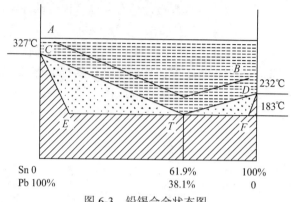

图 6-3　铅锡合金状态图

图 6-3 中 CTD 线叫液相线，温度高于此线时合金为液相；$CETFD$ 线叫固相线，温度低于此线时，合金为固相；两线之间的两个三角形区域内，合金是半熔半凝固状态。图中 AB 线表示最适于焊接的温度，它高于液相线 50℃。

2．共晶焊锡

当 Sn/Pb 合金以 61.9/38.1 比例互熔时，升温至 183℃，将出现固态与液态的交汇点，即图 6-3 中的 T 点，这一点称为共晶点，是不同 Sn/Pb 配比焊料熔点中温度最低的，对应合金成分为 Sn（61.9%）、Pb（38.1%）（实际生产中的配比是 63/37）的铅锡合金称为共晶焊锡，是铅锡焊料中性能最好的一种。它有以下优点：

① 低熔点，使焊接时加热温度降低，可防止元器件损坏；

② 熔点和凝固点一致，可使焊点快速凝固，不会因半熔状态时间间隔长而造成焊点结晶疏松，强度降低；

③ 流动性好，表面张力小，有利于提高焊点质量；

④ 强度高，导电性好。

3．常用焊锡

（1）管状焊锡丝

在手工焊接时，为了方便使用，常常将焊锡制成管状，中空部分注入特级松香和少量活化剂组成的助焊剂，称为焊锡丝。焊锡丝的直径有 0.5mm、0.8mm、0.9mm、1.0mm、1.2mm、1.5mm、2.0mm、2.5mm、3.0mm、4.0mm、5.0mm 等多种规格，也有制成扁带状、球状、饼状等形状的焊锡。

（2）抗氧化焊锡

由于浸焊和波峰焊使用的锡槽都有大面积的高温表面，焊料液体暴露在大气中，很容易被氧化而影响焊接质量，从而使焊点产生虚焊。在锡铅合金中加入少量的活性金属，能使氧化锡、氧化铅还原，并漂浮在焊锡表面形成致密覆盖层，从而使焊锡不被继续氧化。这类焊锡在浸焊与波峰焊中已得到了普遍使用。

（3）含银焊锡

电子元器件与导电结构件中，有很多是镀银件。使用普通焊锡，镀银层易被焊锡熔解，而使元器件的高频性能变坏。在焊锡中添加 0.5%～2%的银，可减少镀银件中银在焊锡中的熔解量，并可降低焊锡的熔点。

（4）焊膏

焊膏是表面安装技术中的一种重要贴装材料，由焊粉（焊料制成粉末状）、有机物和溶剂组成。它一般制成糊状物，能方便地用点膏机、焊膏印刷机把焊膏印涂在印制电路板上。

6.2.3 助焊剂

助焊剂也称焊剂，是一种利用化学方法清洁被焊金属表面以便于焊接的物质。在进行焊接时，为使焊件与焊料形成结合层，要求金属表面无氧化物和杂质，以保证焊锡与焊件的金属表面固体结晶组织之间发生合金反应，即原子状态相互扩散。因此焊接开始前，必须采取有效措施除去氧化物和杂质。常用的方法有机械法和化学法。机械法是用砂纸或刀子将其清除。化学法是用助焊剂清除，用助焊剂清除具有不损坏被焊物和效率高的特点，因此焊接时一般都采用此法。

1．助焊剂的作用

① 去除氧化膜。其实质是助焊剂中的氯化物、酸类同氧化物发生还原反应，从而除去氧化膜，反应后的生成物变成悬浮的残渣，漂浮在焊料表面。

② 防止氧化。液态的焊锡及加热的焊件金属都容易与空气中的氧气接触而氧化。助焊剂在熔化后，漂浮在焊料表面，形成隔离层，因而防止了焊接面被氧化。

③ 减小表面张力，增加焊锡流动性，有助于焊锡润湿焊件。

2．常用助焊剂应具备的条件

① 熔点应低于焊料。

② 表面的张力、黏度、密度要小于焊料。

③ 不能腐蚀母材，在焊接温度下，应能增加焊料的流动性，去除金属表面的氧化膜。

④ 焊剂残渣容易去除。

⑤ 不会产生有毒气体和臭味，以防对人体产生危害和污染环境。

3．助焊剂的种类

助焊剂分为无机系列、有机系列和树脂系列。

（1）无机系列助焊剂

这类助焊剂的主要成分是氯化锌或氯化氨及它们的化合物。这类助焊剂的最大优点是助焊作用好，缺点是具有强烈的腐蚀性，常用于可清洗金属制品的焊接中。若对残留助焊剂清洗不干净，会造成被焊物的损坏。如用于印制电路板的焊接，将破坏印制电路板的绝缘性。市场上出售的各种"焊油"，多数属于此类助焊剂。

（2）有机系列助焊剂

有机系列助焊剂主要由有机酸卤化物组成。优点是助焊性能好，不足之处是有一定的腐蚀性，且热稳定性差。即一经加热，便迅速分解，留下无活性残留物。

（3）树脂系列助焊剂

这一类型助焊剂中，最常用的是在松香焊剂中加入活性剂。松香是从各种松树分泌出来的汁液中提取的，通过蒸馏法加工成固态松香。松香是一种天然产物，它的成分与产地有关。松香酒精焊剂是用无水酒精溶解松香配制而成的，一般松香占23%～30%。这种助焊剂的优点是无腐蚀性、高绝缘性、长期的稳定性及耐湿性，焊接后易于清洗，并能形成薄膜层覆盖焊点，使焊点不被氧化腐蚀。

4．助焊剂的选用

（1）电子线路的焊接通常采用松香或松香酒精助焊剂

由于纯松香焊剂活性较弱，因此只有在被焊金属表面清洁且无氧化层时，可焊性才是好的。

有时为了清除焊接点的锈渍，保证焊接质量，也可用少量氯化氨焊剂，但焊接后一定要用酒精将焊接处擦洗干净，以防残留焊剂对电路的腐蚀。为改善松香焊剂的活性，在松香焊剂中加入活性剂，就构成了活性焊剂。它在焊接过程中，能除去氧化物及氢氧化物，使被焊金属与焊料相互扩散，生成合金，提高焊接质量。

（2）其他金属或合金焊接时的焊剂选用

对铂、金、铜、银、镀锡金属，易于焊接，可选用松香焊剂。对于铅、黄铜、青铜、镀镍等金属，焊接性能差，可选用有机焊剂中的中性焊剂。对镀锌、铁、锡镍合金等，因焊接困难，可选用酸性焊剂。但焊接后，务必对残留焊剂进行清洗。

5．阻焊剂

阻焊剂是一种耐高温的涂料，可将不需要焊接的部分保护起来，使焊接只在所需要的部位进行，以防止焊接过程中的桥连、短路等现象发生，这对高密度印制电路板尤为重要；而且可降低返修率，节约焊料，使焊接时印制电路板受到的热冲击小，板面不易起泡和分层。印制电路板上常见的绿色涂层即为阻焊剂。

阻焊剂有热固化型阻焊剂、紫外线光固化型阻焊剂（又称光敏阻焊剂）和电子辐射固化型阻焊剂等几种，目前常用的是紫外线光固化型阻焊剂。

6.3　手工锡焊技术

6.3.1　手工锡焊操作姿势

手工焊接操作时，应注意保持正确的姿势，有利于健康和安全。正确的操作姿势是：挺胸端正直坐，不要弯腰，鼻尖至烙铁头尖端至少应保持 20cm 以上的距离，通常以 40cm 为宜。

电烙铁的握法有 3 种，如图 6-4 所示。图（a）为反握法，其特点是动作稳定，长时间操作不易疲劳，适用于大功率烙铁的操作；图（b）为正握法，它适用于中功率烙铁操作；一般在印制电路板上焊接元器件时多采用握笔法，如图（c）所示，握笔法的特点是：焊接角度变更比较灵活，焊接不易疲劳。焊锡丝一般有两种拿法，如图 6-5 所示。

　　(a) 反握法　　(b) 正握法　　(c) 握笔法　　　　(a) 连续焊接时拿法　　(b) 断续焊接时拿法

　　　　图 6-4　电烙铁的握法　　　　　　　　　　图 6-5　焊锡丝的拿法

电烙铁使用完毕，一定要稳妥地放在烙铁架上，并注意电缆线不要碰到烙铁头，以避免烫坏电缆线，造成漏电、触电等事故。

6.3.2　手工锡焊操作步骤及注意事项

手工焊接作为一种操作技术，进行五步施焊法训练，对于快速掌握焊接技术是非常有效的。如图 6-6 所示。

（1）准备施焊

准备好焊锡和电烙铁，焊件要保持清洁（注意清除氧化层和污垢）。烙铁头要保持干净并吃锡，如果烙铁头有氧化层，就会出现烙铁头是热的但焊锡不熔化的现象，因为氧化层会阻碍烙铁头的传热效果。

（2）加热焊件

将电烙铁接触焊接点，要保持电烙铁加热焊件各部分（如焊盘和元件引脚，使焊盘和元件引脚的温度都能熔化焊锡），加热时间要合适。时间过短，结合层厚度小于1.2μm，强度低；时间过长，结合层厚度大于6μm，则使组织粗化，产生脆性，也会降低强度。合适的加热时间需要根据电烙铁的功率不同加以实践逐步掌握。

（3）加焊锡

当焊件加热到能熔化焊料的温度后，将焊锡置于焊点，焊料开始熔化并润湿焊件，注意焊锡不要放到烙铁头上。

（4）移开焊锡

当熔化一定量的焊锡后将焊锡移开，焊锡量视焊盘的大小而定，以焊锡润湿整个焊盘为宜。焊锡过多容易造成浪费，也易形成桥接短路；焊锡过少则机械强度低、导电性能差。

（5）移开电烙铁

当焊锡完全润湿焊点后移开电烙铁，注意移开电烙铁的方向大致是45°。

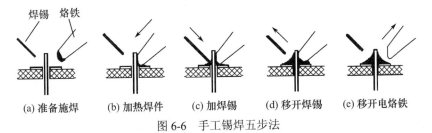

图6-6 手工锡焊五步法

上述操作过程，对一般焊点而言用时约2～3s。完成这五步后，在焊料尚未完全凝固以前，不能移动焊件之间的位置。这是因为焊锡凝固过程是结晶过程，根据结晶理论，在结晶期间受到外力（焊件移动）会改变结晶条件，形成大粒结晶，焊锡迅速凝固，造成所谓"冷焊"，外观现象是焊点表面呈豆渣状。

6.3.3 锡焊质量和锡焊缺陷

1．锡焊质量和要求

（1）可靠的电气连接

印制电路板上的焊点用于实现元器件固定和电路连通。一个焊点既要能固定元器件，又能稳定可靠地通过一定的电流，没有足够的接触面积和稳定的组织是不行的。因为锡焊连接不是靠压力，而是靠焊接过程形成的合金层达到电气连接的目的的。如果焊锡仅仅是堆在焊件的表面或只有少部分形成合金层，也许在最初的测试和工作中不会发现焊点存在问题，但随着环境的改变和时间的推移，合金层被氧化，电路产生时通时断或干脆不工作，而这时观察焊点外表，依然连接如初，这是电子产品使用中最头疼的问题，也是电子产品制造中要重视的问题。

（2）有一定的机械强度

焊接不仅要起到固定元器件的作用，同时也起到电气连接的作用。要保证电路接触良好，焊点就要有一定的机械强度。作为锡焊材料的铅锡合金，本身强度是比较低的，要想增加焊点强度，就要有足够的连接面积。如果是虚焊点，焊料仅仅堆在焊盘上，自然就谈不到强度了。

（3）有光洁整齐的外观

合格的焊点要求焊料用量恰到好处，外表有金属光泽，没有拉尖、桥接等现象，并且不伤及导线的绝缘层及相邻元器件。良好的外表是焊接质量的反映，而表面有金属光泽是焊接温度合适、合金层形成的标志，这些不仅仅是外表美观的要求，而且是良好焊点的体现。典型焊点的外观如图6-7所示，说明如下。

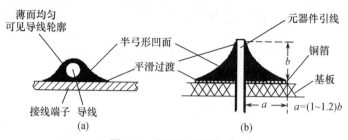

图6-7 典型焊点的外观

① 外形以焊接导线为中心，匀称，成裙形拉开。
② 焊料的连接面呈半弓形凹面，焊料与焊件交界处平滑，接触角尽可能小。
③ 表面有光泽且平滑。
④ 无裂纹、针孔、夹渣。

2. 手工焊接时常见锡焊缺陷及原因分析

① 加热时间过长或电烙铁温度过高时，会导致焊点发白没有光泽（助焊剂挥发），甚至会导致焊盘脱落。
② 焊件有油污、锈蚀等，若清理不干净，会导致润湿角过大、焊珠状的焊点。
③ 加热时间过短或电烙铁温度过低会导致松香焊、夹生焊。
④ 焊料未凝固时焊件抖动，会形成扰焊（表面呈豆腐渣状颗粒，有时可有裂纹）。
⑤ 根据焊盘的大小用合适的焊锡量，焊锡过多易导致桥接短路，焊锡过少会导致焊点的机械强度差、导电性能差。
⑥ 焊料不合格或电烙铁撤离方向不正确，会在焊点表面形成尖刺。

常见焊点缺陷外观如图6-8所示。

图6-8 常见焊点缺陷外观

6.3.4 手工焊接印制电路板

装配前应对印制电路板和元器件进行检查，内容主要包括：印制电路板的图形、孔位及孔径是否符合图纸，有无断线、缺孔等，表面处理是否合格，有无污染或杂质；元器件的品种、规格及封装是否与图纸吻合，元器件引线有无氧化、锈蚀等。

1. 元器件引线成形

印制电路板上装配的大部分元器件需在装插前弯曲成形。弯曲成形的要求取决于元器件本身的封装外形和印制电路板上的安装位置，有时也因整个印制电路板的安装空间而限定元器件的安装位置。图 6-9 是印制电路板上装配元器件示例。

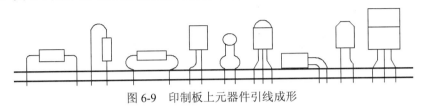

图 6-9　印制板上元器件引线成形

元器件引线成形应注意以下几点。

① 所有元器件引线均不得从根部弯曲。因为制造工艺上的原因，根部容易折断，一般应留 1.5mm 以上，如图 6-10 所示。

② 弯曲一般不要成死角，圆弧半径应大于引线直径的 1～2 倍。

③ 要尽量将有字符的元器件面置于容易观察的位置，如图 6-11 所示。

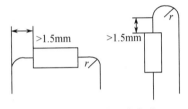

图 6-10　元器件引线弯曲

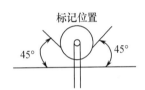

图 6-11　元器件插装时标记位置

2. 元器件插装

① 贴板与悬空插装。贴板插装如图 6-12（a）所示，贴板插装稳定性好，插装简单，但不利于散热，且对某些安装位置不适应；悬空插装，适应范围广，有利于散热，但插装较复杂，需控制一定高度以保持美观一致，如图 6-12（b）所示，悬空高度一般取 2～6mm。

② 卧式安装和立式安装。卧式安装的元器件，尽量使两端引线的长度相等且对称，把元器件安放在两孔中央，排列要整齐，如图 6-12（c）所示。立式安装时，电抗元器件的起始色环向上，以方便检查，如图 6-12（d）所示。

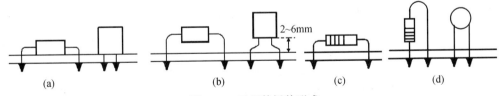

图 6-12　元器件插装形式

③ 安装时应注意元器件字符标记方向一致，容易读出。

④ 安装时不要用手直接碰元器件的引线和印制电路板的铜箔。

⑤ 插装后为了固定，可对引线进行折弯处理。

3. 印制电路板的焊接

焊接印制电路板，除遵循锡焊要领外，以下几点需特别注意。

① 电烙铁：一般应选内热式 20～35W 或调温式电烙铁，电烙铁的温度不超过 300℃ 为宜。烙铁头形状应根据印制电路板焊盘大小采用凿形或锥形，目前印制电路板发展趋势是小型密集

化，因此，一般常用小型圆锥烙铁头。

② 加热方法：加热时应尽量使烙铁头同时接触印制电路板上的铜箔和元器件引线，如图 6-13（a）所示。对较大的焊盘（直径大于 5mm），焊接时可移动电烙铁，如图 6-13（b）所示。即电烙铁绕焊盘转动，以免因长时间停留一点导致局部过热。

③ 金属化孔的焊接：两层以上电路板的孔都要进行金属化处理。焊接时不仅要让焊料润湿焊盘，而且孔内也要润湿填充，如图 6-13（c）所示，因此，金属化孔加热时间应长于单面板。

④ 焊接时不要用烙铁头摩擦焊盘的方法增强焊料润湿性能，而要靠表面清理和预焊。

⑤ 耐热性差的元器件应使用工具辅助散热，如图 6-13（d）所示。

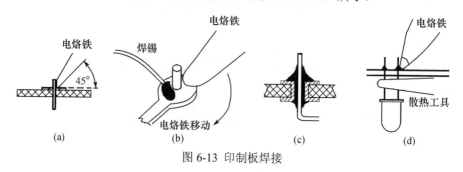

图 6-13 印制板焊接

4．焊后处理

① 剪去多余引线，注意不要对焊点施加剪切力以外的其他力。

② 检查印制电路板上所有元器件引线的焊点，修补缺陷。

③ 根据工艺要求选择合适的清洗液清洗印制电路板。一般情况下，使用松香助焊剂后印制电路板不用清洗。

6.3.5 拆焊

调试和维修中常需要更换一些元器件，如果方法不得当，就会破坏印制电路板，也会使换下而并没失效的元器件无法重新使用。

一般电阻、电容、晶体管等的引脚不多，且每个引线能相对活动的元器件可用电烙铁直接拆焊，如图 6-14（a）所示，印制电路板竖起来夹住，一边用电烙铁加热待拆元器件的焊点，一边用镊子或尖嘴钳夹住元器件引线轻轻拉出。

重新焊接时，需先用锥子将焊孔在加热熔化焊锡的情况下扎通，这种方法不宜在一个焊点上多次用，因为印制导线和焊盘经反复加热后很容易脱落，造成印制电路板损坏。在可能多次更换的情况下，可用图 6-14（b）所示的断线更换法。

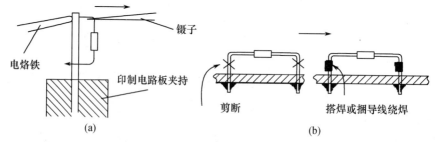

图 6-14 元器件拆焊

当需要拆下多个焊点且引线较硬的元器件时，以上方法就不可行了。例如，要拆下如图 6-15 所示的多线插座，一般有以下 3 种方法。

（1）采用专用工具

如图 6-15 所示，采用专用烙铁头，一次可将所有焊点加热熔化取出插座。这种方法速度快，但需要制作专用工具，需较大功率的电烙铁，同时解焊后，焊孔很容易堵死，重新焊接时还需清理。显然，这种方法对于不同的元器件需要不同种类的专用工具，有时并不是很方便。

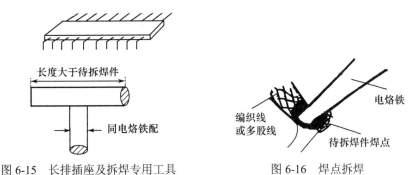

图 6-15　长排插座及拆焊专用工具　　　　图 6-16　焊点拆焊

（2）采用吸锡电烙铁或吸锡器

这种工具在拆焊时是很实用的，既可以拆下待换的元器件，又可同时不使焊孔堵塞，而且不受元器件种类的限制。但它需逐个焊点除锡，效率不高。

（3）利用吸锡线、铜丝编织的屏蔽线电缆或较粗的多股导线作为吸锡材料

将吸锡材料浸上松香水贴到待拆焊点上，用烙铁头加热吸锡材料，通过吸锡材料将热传到焊点熔化焊锡。熔化的焊锡沿吸锡材料上升，将焊点拆开，如图 6-16 所示。这种方法简便易行，且不易烫坏印制电路板，在没有专用工具和吸锡电烙铁时不失为一种有效的方法。

6.4　表面组装技术

6.4.1　表面组装技术概述

表面组装技术又称表面安装技术，或表面贴装技术（Surface Mounting Technology，SMT）。它是将片式元器件安装在印制电路板或其他基板表面上，通过波峰焊、再流焊等方法焊接的一种新型的组装技术。SMT 是目前电子组装行业里一种最流行的技术和工艺，已成为世界电子整机组装技术的主流。

SMT 具有以下特点。

1．高密集

SMT 元器件的体积只有传统元器件的 1/10～1/3，可以装在印制电路板的两面，有效利用了印制电路板的面积，减轻了印制电路板的重量。一般采用了 SMT 后，可使电子产品的体积缩小 40%～60%，重量减轻 60%～80%。

2．高可靠

SMT 元器件无引线或引线很短，质量轻，抗震能力强，大大提高产品可靠性。

3．高性能

SMT 的高密集安装减小了电磁干扰和射频干扰，尤其高频电路中减小了寄生电感、寄生电容等分布参数的影响，提高了信号的传输速率，改善了高频特性，使整个产品性能提高。

4. 高效率

SMT 更适合自动化大规模生产。采用计算机集成制造系统（CIMS）可使整个生产过程高度自动化，使生产效率提高到新的水平。

5. 低成本

SMT 使印制电路板面积减小，成本降低；SMT 元器件无引线和短引线使成本降低，安装中省去引线成形、打弯、剪线的工序；频率特性提高，减少调试费用；焊点可靠性提高，减小调试和维修成本。一般情况下，采用 SMT 后可使产品总成本下降 30%以上。

当然，SMT 在生产中也存在一些问题：元器件上的标称数值看不清楚，维修工作困难；维修调换元器件困难，并需专用工具；元器件与印制电路板之间的热膨胀系数一致性差；初始投资大、生产设备结构复杂、涉及技术面宽、费用昂贵等。

6.4.2 表面组装工艺流程

1. 表面组装方式

（1）SMT 单面混合组装方式

SMT 单面混合组装方式如图 6-17（a）所示，即 SMC/SMD 与 THT 元件分布在 PCB 不同的层面上混装，但其焊接面仅为单面。这一类组装方式均采用单面 PCB 和波峰焊接，具体有两种组装方式。

① 先贴法。即在 PCB 的 B 面（焊接面）先贴装 SMC/SMD，然后在 A 面插装 THT。

② 后贴法。即先在 PCB 的 A 面插装 THT，然后在 B 面贴装 SMC/SMD。

（2）SMT 双面混合组装方式

SMT 双面混合组装方式如图 6-17（b）所示，即 SMC/SMD 和 THT 可混合分布在 PCB 的同一面，SMC/SMD 也可分布在 PCB 的双面。双面混合组装采用双面 PCB、双波峰焊接或再流焊接。在这一类组装方式中也有先贴还是后贴 SMC/SMD 的区别，一般根据 SMC/SMD 的类型和 PCB 的大小合理选择，通常采用先贴法较多。该类组装常用两种组装方式。

① SMC/SMD 和 THT 同侧方式：SMC/SMD 和 THT 同在 PCB 的一侧。

② SMC/SMD 和 THT 不同侧方式：把 SMD 和 THT 放在 PCB 的 A 面，而把 SMC 和晶体管（SOT）放在 B 面。

这类组装方式由于在 PCB 的单面或双面贴装 SMC/SMD，而又把难以表面组装化的有引线元器件插入组装，因此组装密度相当高。

（3）SMT 全表面组装方式

这种组装方式是在 PCB 上贴装的元器件均为表面安装的 SMC/SMD，同样可以分为单面组装和双面组装，如图 6-17（c）所示。一般来说，采用的是细线图形的印制电路板，或者采用陶瓷基板和细间距 QFP，然后再用再流焊接工艺进行组装，组装的密度非常高。

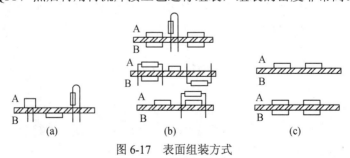

图 6-17 表面组装方式

2. 工艺流程

SMT 工艺有两类最基本的工艺流程，一类是焊锡膏—再流焊工艺，另一类是点胶—波峰焊工艺。

（1）焊锡膏—再流焊工艺

如图 6-18 所示。该工艺流程的特点是简单、快捷，有利于产品体积的减小。

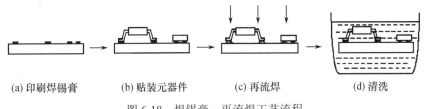

(a) 印刷焊锡膏　　(b) 贴装元器件　　(c) 再流焊　　(d) 清洗

图 6-18　焊锡膏—再流焊工艺流程

（2）点胶—波峰焊工艺

如图 6-19 所示。该工艺流程的特点是利用双面板空间，电子产品的体积可以进一步减小，且仍使用通孔元器件，价格低廉。但设备要求增多，波峰焊过程中缺陷较多，难以实现高密度组装。

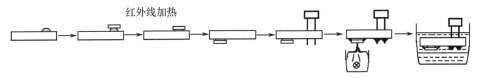

(a) 涂覆黏合剂　(b) 贴装元器件　(c) 固化　(d) 翻转　(e) 插通孔元器件　(f) 波峰焊　(g) 清洗

图 6-19　点胶—波峰焊工艺流程

6.4.3　手工表面组装简介

手工表面组装因其方便、快捷，在电路的设计、试制、维修等方面有很重要的意义，因此有必要了解其基本操作方法。手工表面组装的主要工艺流程有以下三步。

1. 涂覆黏合剂或焊锡膏

（1）针印法

针印法是利用针状物浸入黏合剂中，提起时针头挂上一定量的黏合剂，将其放到 SMB 预定位置，使黏合剂点到板上。如图 6-20 所示。

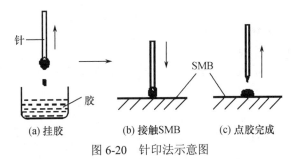

(a) 挂胶　　(b) 接触SMB　　(c) 点胶完成

图 6-20　针印法示意图

（2）注射法

注射法采用如同医用注射器一样的方式将黏合剂或焊锡膏注入 SMB 上。通过选择注射孔大小、形状和注射压力，可调节注射物的形状和量。

（3）丝印法

用丝网漏印的方法涂胶或焊锡膏。用金属模板代替丝网印制中的模板进行焊锡膏印制。金属模板上有按照 PCB 上焊盘图形加工的无阻塞开口，金属模板与 PCB 直接接触，焊锡膏不会溢流。焊锡膏印刷机如图 6-21 所示，焊锡膏印刷步骤如图 6-22 所示。

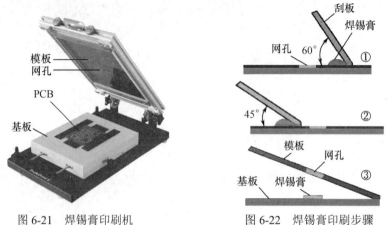

图 6-21　焊锡膏印刷机　　　　　图 6-22　焊锡膏印刷步骤

2．贴片

手工贴片最简单的办法是用镊子借助放大镜将片式元器件放到 PCB 上相应设定的位置，如图 6-23 所示。由于片式元器件尺寸小，特别是窄间距 QFP 引线很细，用镊子夹持元器件的办法可能损伤元器件，因此也可采用一种带有负压吸嘴的手工贴片装置——真空吸笔，如图 6-24 所示。

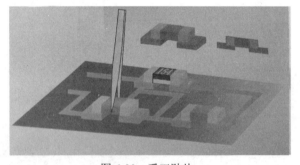

图 6-23　手工贴片　　　　　　　　　图 6-24　真空吸笔

3．焊接

最简单的是手工电烙铁焊接，最好采用恒温或电子控温电烙铁。焊接的技术要求和注意事项同普通印制电路板，但更强调焊接时间和温度，短引线或无引线的元器件较普通长引线元器件的技术难度大。合适的电烙铁加上正确的操作，可以达到同自动焊接相媲美的效果。

再流焊是手工表面安装的主要焊接方法，应用较为广泛的是红外再流焊。当在 PCB 上涂覆了焊锡膏并贴放元器件后，放在红外再流焊炉中进行焊接。再流焊炉中具有多组红外加热器，并以热辐射的形式向 SMC/SMD 传送热能，在再流焊炉中还设有热风系统，从而使炉温更均匀。如图 6-25 所示是一台全自动台式再流焊机，采用微电脑控制，设置好工艺参数后，整个焊接过程自动完成；采用抽屉式 PCB 工件盘，实现了静止状态下的焊接，可避免 SMD 元件在焊接过程中的微动，完成窄间距及细小 SMD 元件的焊接。图 6-26 是再流焊温度曲线。

图 6-25 台式再流焊机

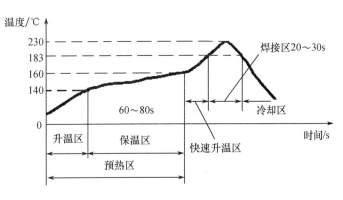

图 6-26 再流焊温度曲线

6.5 表面组装元器件的手工焊接技术

随着电子技术的飞速发展，SMT 电子产品已经深入到人们的生活、工作、学习等各个领域，学习和掌握表面组装元器件的手工焊接技术，在电子产品的研制、维修等方面有着重要的现实意义。

6.5.1 片式元器件的手工装焊

1. 手工贴片焊接工具和焊料

由于 SMT 电子元器件的体积小、功率小、精度高，因此在选择工具时，与 THT 电子元器件焊接工具是有区别的。电烙铁的功率应选择 30W 以内的，烙铁头选择 I 型（尖锥形）或 B 型（圆锥形），烙铁尖要光洁平整没有损伤，镊子应选用尖头镊子，焊料选择直径 0.5～0.8mm 的活性焊锡丝，选用松香酒精溶液助焊剂。

2. SMT 分立元器件（两引脚）的焊接

手工焊接 SMT 分立元器件（两引脚如电阻、电容等）的具体方法如图 6-27 所示。

① 在一个焊盘上熔上少量的焊锡，如图 6-27（a）所示，并把烙铁尖停在这个焊盘上。

② 用镊子把元器件推到熔有焊锡的焊盘上，如图 6-27（b）所示，这样元器件就停留在一个 PCB 裸焊盘和一个焊锡覆盖的 PCB 焊盘上，移开电烙铁，待焊锡冷却后，元器件就被固定住了。

③ 然后再仔细焊接元器件的另一端，如图 6-27（c）所示。

④ 焊接好的元器件如图 6-27（d）所示。

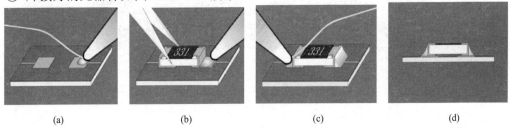

(a)   (b)   (c)   (d)

图 6-27 手工贴片焊接步骤

3. SMT 集成电路的手工焊接

（1）SOP、QFP 封装的集成电路的焊接

① 在 PCB 上一个容易触及的焊盘上熔化少量的焊锡，通常最佳的选择就是四角位置上的焊盘。

② 用镊子夹持集成电路放到 PCB 的焊盘上，集成电路的引脚与焊盘要准确对位，如图 6-28（a）所示，全部引脚平整地贴紧焊盘，如图 6-28（b）所示。

③ 用电烙铁把熔有焊锡的焊盘上的集成电路引脚固定住，如图 6-29（a）所示。

④ 用吃有少量焊锡的烙铁尖快速划过集成电路的各边引脚，如图 6-29（b）所示。

⑤ 焊接后的集成电路引脚如图 6-29（c）所示。

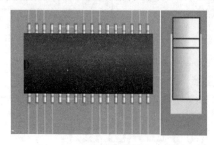

(a) 焊盘准确对位　　　　　　　　　(b) 引脚贴紧焊盘

图 6-28　集成电路在 PCB 上的放置

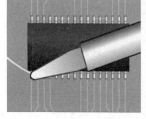

(a) 固定一个引脚　　　(b) 各边引脚焊接　　　(c) 焊接后的引脚

图 6-29　集成电路引脚的焊接

（2）集成电路焊接缺陷（引脚之间出现桥接）的修复

① 集成电路引脚之间的桥接如图 6-30（a）所示。

② 把烙铁头放在桥接处熔化焊锡，然后用吸锡线把焊锡吸走，如图 6-30（b）所示。

③ 在吸走焊锡的引脚上涂一点助焊剂，如图 6-30（c）所示，用电烙铁把引脚修复好，如图 6-30（d）所示。

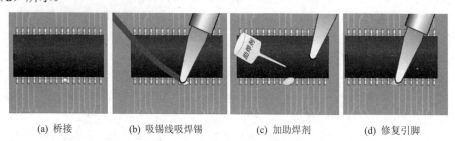

(a) 桥接　　　(b) 吸锡线吸焊锡　　　(c) 加助焊剂　　　(d) 修复引脚

图 6-30　集成电路焊接缺陷修复

6.5.2　SMT 集成电路的拆焊

拆卸印制电路板上的 SMT 集成电路通常使用热风枪，热风枪吹出的热风的温度和强度是可以调节和控制的。热风枪和配套的热风嘴如图 6-31 所示。

1．QFP 封装的集成电路的拆焊

① 用图 6-31（b）所示四边出风嘴，把热风嘴扣到 QFP 封装的集成电路的上方，如图 6-32

(a)所示。

② 把热风枪调到合适的温度和强度,给集成电路的引脚加热(热风枪的温度一般调到 5 或 6 级,强度一般调到 3 或 4 级)。

③ 当集成电路的所有引脚被加热到焊锡充分熔化的温度时,插在集成电路引脚下面的弹性细钢丝就会把集成电路芯片弹起来,如图 6-32(b)所示。

(a) 热风枪　　(b) 四边出风嘴　　(c) 两边出风嘴　　(d) 针式出风嘴

图 6-31　热风枪和热风嘴

2. SOP 封装的小型集成电路的拆焊

① 用图 6-31(c)所示两边出风嘴,把热风嘴扣到 SOP 封装的集成电路的上方,如图 6-33(a)所示。

② 把热风枪调到合适的温度和强度,给集成电路的引脚加热(热风枪的温度一般调到 5 或 6 级,强度一般调到 4 或 5 级),也可以用图 6-31(d)的针式出风嘴环绕芯片引脚加热。

③ 当集成电路所有引脚的焊锡充分熔化时,用镊子夹持集成电路芯片从印制电路板上取下,如图 6-33(b)所示。

(a)　　　　(b)　　　　　　　　　　(a)　　　　(b)

图 6-32　QFP 封装的集成电路的拆焊　　图 6-33　SOP 封装的集成电路的拆焊

6.6　电子工业生产中的焊接技术

6.6.1　波峰焊

波峰焊是在电子焊接中使用较广泛的一种焊接方法,其原理是借助泵压作用,使熔融的液态焊料表面形成特定形状的焊料波,当插装了元器件的印制电路板以确定角度通过焊料波时,在引脚焊区形成焊点的工艺技术。印制电路板在由链式传送带传送的过程中,先在焊机预热区进行预热,预热后,印制电路板进入锡槽进行焊接。锡槽盛有熔融的液态焊料,锡槽底部喷嘴将熔化的焊料打出一定形状的波峰,这样,在印制电路板焊接面通过波峰时就被焊料波加热,同时焊料波也就润湿焊区并进行扩展填充,最终实现焊接过程。波峰焊的工作流程如图 6-34 所示。

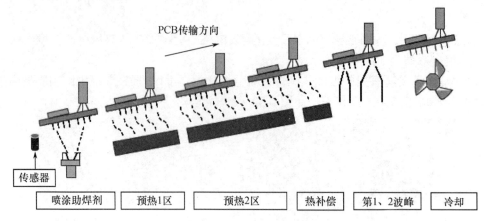

图 6-34　波峰焊工作流程

6.6.2　再流焊

再流焊也称回流焊，是 SMT 主要的焊接方法，按加热方式不同有红外线加热、气相加热、激光加热等。其中以红外线加热和气相加热使用最为广泛。图 6-35 所示为 SMT 生产线示例。

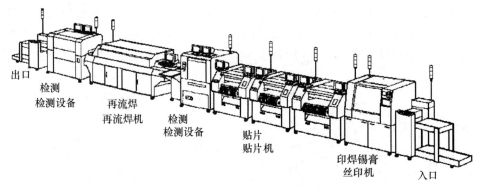

图 6-35　SMT 生产线示例

6.6.3　浸焊

浸焊是将装好元器件的印制电路板在熔化的锡锅内浸锡，一次完成印制电路板上众多焊接点的焊接方法。需要注意的是，使用锡锅浸焊，要及时清理掉锡锅内熔融焊料表面形成的氧化胺、杂质和焊渣。此外，焊料与印制电路板之间大面积接触，时间长，温度高，容易损坏元器件，还容易使印制电路板变形。

1. 手工浸焊

手工浸焊是由人手持夹具夹住插装好的印制电路板，人工完成浸锡的方法，其操作过程如下：

① 加热使锡炉中的锡温控制在 250～280℃ 之间。

② 在印制电路板上涂一层（或浸一层）助焊剂，如图 6-36（a）所示。

③ 用夹具夹住印制电路板浸入锡锅中，使焊盘表面与熔融焊锡接触，浸锡厚度以印制电路板厚度的 1/2～2/3 为宜，浸锡的时间约 3～5s，如图 6-36（b）所示。

④ 以印制电路板与锡面成 5°～10° 的角度使印制电路板离开锡面，略微冷却后检查焊接质量。如有较多的焊点未焊好，要重复浸锡一次，对只有个别不良焊点的印制电路板，可用手工补焊。注意经常刮去锡锅表面的锡渣，保持良好的焊接状态，以免因锡渣的产生而影响印制电路板的干净度及清洗问题。

(a) 喷涂助焊剂　　　　　　　　　(b) 在锡锅中浸焊

图 6-36　手工浸焊

手工浸焊的特点为：设备简单、投入少，但效率低，焊接质量与操作人员的熟练程度有关。

2. 机器浸焊

机器浸焊是用机器代替手工夹具夹住插装好的印制电路板进行浸焊的方法。机器浸焊的过程为：印制电路板在浸焊机内运行至锡锅上方时，锡锅做上下运动或印制电路板做上下运动，使印制电路板浸入锡炉焊料内，浸入深度为印制电路板厚度的 1/2～2/3，浸锡时间为 3～5s，然后印制电路板离开锡炉焊料移出浸焊机，完成焊接。

6.7　焊接技术实训

实训项目 1　THT 元器件及导线的焊接

【实训目标】

通过训练，初步掌握手工电烙铁焊接技术。

【实训工具和器材】

工具：30W 电烙铁 1 把、镊子 1 把、斜口钳 1 把。器材：松香 1 份、多股导线 1 份、单股导线 1 份、电阻器 20 个、万能板 6cm×8cm 一块、焊锡若干。

【知识要点】

（1）锡焊机理。

（2）手工锡焊五步法的操作步骤。

（3）助焊剂的作用。

（4）元器件引脚成形。

（5）锡焊质量和锡焊缺陷。

【实训内容和要求】

1. 电阻器在万能板上装焊

在万能板上装焊 20 个电阻器，R_1～R_{10} 卧式安装，R_{11}～R_{20} 立式安装。

2. 导线在万能板上焊接

（1）单股导线弯成直角与多股导线焊接，如图 6-37（a）所示，并装焊到万能板上，装焊 4 条（导线焊接前要预焊）。

（2）单股导线弯成直角与多股导线焊接，如图 6-37（b）所示，并装焊到万能板上，装焊 4 条。

3. 正方体框架焊接

如图 6-38 所示。
（1）正方体框架平直方正。
（2）导线及外皮无损伤。
（3）焊点光亮、大小适中。

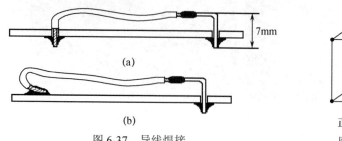

图 6-37 导线焊接

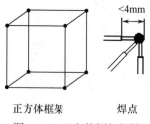

图 6-38 正方体框架焊接

【手工锡焊考核】

表 6-1 手工锡焊考核评分表

序号	考核内容	配分	评分标准	得分
1	$R_1 \sim R_{10}$（元件引线折弯、焊点）	20	一个电阻器 2 分	
2	$R_{11} \sim R_{20}$（元件引线折弯、焊点）	20	一个电阻器 2 分	
3	导线焊接	32	一条导线 4 分	
4	正方体框架焊接	28	正方体框架平直方正 6 分，导线及外皮无损伤 6 分，焊点合格 16 分	
合计				

实训项目 2 SMT 元器件的手工焊接

【实训目标】

通过实训掌握表面组装电子元器件的手工装焊与拆焊技术。

【实训工具和器材】

工具：30W 电烙铁（圆锥形烙铁头）1 把、尖头镊子 1 把。器材：松香 1 份、直径 0.5mm 的活性焊锡若干，表面组装流水灯套件 1 套（见表 6-2）。

表 6-2 表面组装流水灯元器件清单

序号	名称	封装	数量	序号	名称	封装	数量
1	贴片电容 104	0805	2	7	贴片二极管 4148	LL34	4
2	贴片电阻 10k	0805	5	8	贴片三极管 8050	SOT-23	4
3	贴片电阻 2M	0805	1	9	贴片 ICNE555	SO-8	1
4	贴片电阻 470	0805	15	10	贴片 ICCD4017	SO-16	1
5	贴片 LED 红	0805	11	11	排针 5PIN		1
6	贴片 LED 蓝	0805	4	12	双面 SMB		1

【知识要点】

表面组装元器件的手工焊接技术。

【实训内容和要求】

（1）把元器件按照各自的位号装焊到双面 SMB 上。

(2) 集成电路的方向不能装错,引脚不能有虚焊、桥接、拉尖等焊接缺陷。
(3) 贴片 LED、贴片二极管的极性不能装错,不能有焊接缺陷。
(4) 贴片电阻、排阻有正反面,不能装错,不能有焊接缺陷。
(5) 贴片电容没有极性、没有正反面。

装焊后的 SMB 如图 6-39 所示。

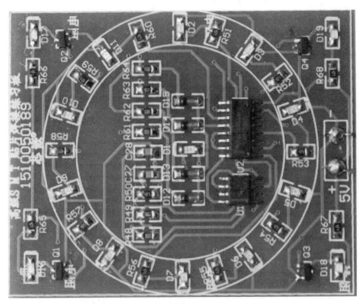

图 6-39 装焊后的 SMB

【表面组装元器件的手工焊接考核】

表 6-3 表面组装元器件的手工焊接考核评分表

序号	考核内容	配分	评分标准	得分
1	贴片电阻(正反面、焊接缺陷)	22	1 个元器件不合格扣 2 分	
2	贴片电容(焊接缺陷)	2	1 个元器件不合格扣 2 分	
3	贴片 LED(极性、焊接缺陷)	15	1 个元器件不合格扣 2 分	
4	贴片二极管(极性、焊接缺陷)	4	1 个元器件不合格扣 2 分	
5	贴片三极管(焊接缺陷)	12	1 个元器件不合格扣 2 分	
6	贴片 ICNE555(方向、焊接缺陷)	10	不合格扣 10 分	
7	贴片 ICCD4017(方向、焊接缺陷)	20	不合格扣 20 分	
8	通电测试(电路工作是否正常)	15	不正常工作扣 15 分	
合计				

第 7 章　印制电路板的设计与制作

印制电路板（Printed Circuit Board，PCB）简称印制板，由绝缘基板、印制导线、焊盘和印制元器件组成。它用于承载各种电子元器件，并利用铜膜走线实现各个电子元器件间的电气连接。印制电路板的质量影响到电子产品的整机性能，因此了解和掌握印制电路板的设计、制作及焊接技术具有非常重要的意义。

7.1　印制电路板设计基础

7.1.1　印制电路板的基本组成

印制电路板是由导电的印制电路和绝缘基板构成的，而印制电路是印制线路与印制元器件的合称。印制线路是将设计人员设计的电路原理图印制在绝缘基板上，包括印制导线、焊盘等。

1．绝缘基板

绝缘基板由绝缘隔热且不易弯曲的材料所制成，一般常用的基板是覆铜板。覆铜板是在整个板面上通过热压等工艺贴覆上一层铜箔。

2．印制电路

在覆铜板上依据设计人员设计的电路原理图采用蚀刻法或雕刻法作出具有电气连接性能的铜箔电路，主要包括印制导线和焊盘等。

（1）印制导线

连接焊盘之间的铜箔导线，是印制电路板的导电通路。

（2）焊盘

用于印制电路板上电子元器件的电气连接和元器件固定。

3．过孔

过孔是多层 PCB 的重要组成部分之一，简单来说，PCB 上的每一个孔都可以称为过孔。从作用上看，过孔可以分成两类：一是用作各层间的电气连接；二是用作元器件的固定或定位。从工艺制作上来说，过孔一般又分为 3 类，即盲孔、埋孔和通孔。盲孔位于印制电路板的顶层和底层表面，具有一定深度，用于表层线路和下面的内层线路的连接。埋孔是指位于印制电路板内层的连接孔，它不会延伸到印制电路板的表面。通孔穿过整个印制电路板，可用于实现内部互连或作为元器件的安装定位孔。

4．阻焊膜

印制电路板上非焊盘处的铜箔是不能粘锡的，因此印制电路板上焊盘以外的各部位都要涂覆一层绿色或棕色的涂料——阻焊膜。这一绝缘防护层，不仅可以防止铜箔氧化，而且可以防止桥焊的产生。

5．丝印层

印制电路板的板面上有一层丝网印刷面（图标面）——丝印层，这上面会印上标志图案和各元器件的电气符号、文字符号（大多是白色）等，主要用于标出各元器件在印制电路板上的位置，因此，印制电路板上有丝印层的一面常称为元器件面。

7.1.2 印制电路板的种类

1．按印制电路板电路分布划分

（1）单面板

单面板只在基板的一面上覆铜，基板的另一面没有覆铜，只能在覆铜的一面印制电路。这是早期电路（THT 元件）才使用的印制电路板，元器件集中在其中一面——元器件面，印制电路则集中在另一面——印制面或焊接面，两者通过焊盘中的过孔形成连接。单面板在设计线路上有许多严格的限制，如布线间不能交叉等。

（2）双面板

双面板的基板两面都有覆铜，可在两面进行布线、印制电路，需要通过过孔实现两面电路的电气连接。由于双面板的面积比单面板扩大了一倍，而且布线可以互相交错（可以绕到另一面），但设计工作并不比单面板困难，因而得到广泛应用。

（3）多层板

为了增加可以布线的面积，设计上采用了更多单面或双面的布线板。用一块双面板作内层、两块单面板作外层或两块双面板作内层、两块单面作外层的印制电路板，通过定位系统及绝缘黏结材料交替粘在一起且导电图形按设计要求进行互连的印制电路板，就称为四层、六层印制电路板，也称为多层板。多层板的层数代表了有几层独立的布线层，通常层数都是偶数，并且包含最外侧的两层。多层板可以使集成电路的电气性能更合理，使整机小型化程度更高。

2．按机械特性划分

（1）刚性板

具有一定的机械强度，用它装成的部件具有一定的抗弯能力，在使用时处于平展状态，主要在一般电子设备中使用。酚醛树脂、环氧树脂、聚四氟乙烯等覆铜板都属于刚性板。

（2）柔性板（挠性板）

柔性板是以软质绝缘材料（如聚酰亚胺或聚酯薄膜）为基材而制成的，铜箔与普通印制电路板相同，使用黏合力强、耐折叠的黏合剂压制在基材上。表面用涂有黏合剂的薄膜覆盖，防止电路和外界接触引起短路和绝缘性下降，并能起到加固作用。使用时可以弯曲，可减小使用空间。

（3）刚挠（柔）结合板

采用刚性基材和挠性基材结合组成的印制电路板，刚性部分用来固定元器件作为机械支撑，挠性部分折叠弯曲灵活可省去插座等元器件。

7.1.3 印制电路板设计前的准备

进行印制电路板设计前，应对电路原理图进行分析，并明确以下内容：
- 找出电路原理图中可能产生的干扰源，以及易受外界干扰的敏感元器件。
- 熟悉电路原理图中出现的每个元器件，掌握每个元器件的外形尺寸、封装形式、引线方式、引脚排列顺序、功能及形状等，确定哪些元器件因发热而需要安装散热片并计算散热面积，确定元器件的安装位置。
- 确定印制电路板的种类：单面板、双面板或多层板。
- 确定元器件的安装方式、排列规则、焊盘及印制导线布线形式。
- 确定对外连接方式。

1. 导线连接

(1) 单股导线连接

这是一种操作简单、价格低廉且可靠性高的连接方式,连接时不需任何插接件,只需用导线将印制电路板上的对外连接点与印制电路外的元器件或其他部件直接焊牢即可。其优点是成本低、可靠性高,可避免因接触不良而造成的故障;缺点是调试、维修不方便。一般适用于对外引线较少的场合,如收音机中的扬声器、电池盒等。

单股导线焊接时应注意:

① 印制电路板上对外焊接导线的焊盘应尽可能在印制电路板的边缘,并按统一尺寸排列,以利于焊接与维修。

② 为提高导线与印制电路板上焊盘的机械强度,引线应通过印制电路板上的过孔,再从制电路板的元器件面穿过焊盘。

③ 将导线排列或捆扎整齐并通过线卡或其他紧固件将导线与印制电路板固定,避免因导线移动而折断。

(2) 排线连接

两块印制电路板之间采用排线连接,既可靠又不易出现连接错误,且两块印制电路板的相对位置不受限制。

2. 印制电路板之间直接焊接

此方式常用于两块印制电路板之间为90°夹角的连接,连接后成为一个整体印制电路板部件。

3. 插接件连接

在比较复杂的仪器设备中,经常采用插接件连接方式。这种"积木式"的结构不仅保证了产品批量生产的质量,降低了成本,而且为调试、维修提供了极为便利的条件。

① 板插座:印制电路板的一端做成插头,插头部分按照插座的尺寸、接点数、接点距离、定位孔的位置等进行设计。此方式装配简单、维修方便,但可靠性较差,常因插头部分被氧化或插座簧片老化而接触不良。

② 插针式插接件:插座可以装焊在印制电路板上,在小型仪器中用于印制电路板的对外连接。

③ 电缆插接件:扁平电缆由几十根导线并排粘连在一起,电线插头将电缆两端连接起来,插座的部分直接装焊在印制电路板上。电缆插头与电线的连接不是焊接,而是靠压力使连接端上的刀口刺破电缆的绝缘层来实现电气连接,其工艺简单可靠。这种方式适用于低电压、小电流的场合,能够可靠地同时连接几路或几十路微弱信号,不适合用在高频电路中。

7.2 印制电路板的排版设计

7.2.1 印制电路板的设计原则

所谓排版布局,就是把电路原理图上所有的元器件都合理地安排到面积有限的印制电路板上。这是印制电路板设计的第一步,关系着整机是否能够稳定、可靠地工作,乃至今后的生产工艺和造价等多个方面。

整机电路的布局原则如下。

1. 就近原则

当印制电路板上的对外连接确定后,相关电路部分就应就近安排,避免绕远路,尤其忌讳交叉。

2. 信号流原则

将整个电路按照功能划分成若干个电路单元，按照电信号的流向，依次安排各个功能电路单元在印制电路板上的位置，使布局便于信号流通，并使信号流尽可能保持一致的方向，即从上到下或从左到右。

① 与输入端、输出端直接相连的元器件，应安排在输入、输出插接件或连接件的地方。

② 对称式的电路，如桥式电路、差动放大器等，应注意元器件的对称性，尽可能使其分布参数一致。

③ 每个单元电路，应以核心元器件为中心，围绕它进行布局，尽量减少和缩短各元器件之间的引线和连接。如以三极管或集成电路等作为核心元器件，可根据其各电极的位置布排其他元器件。

3. 优先考虑确定特殊元器件的位置

在着手设计印制电路板决定整机电路布局时，应分析电路原理图，首先决定特殊元器件的位置，然后再安排其他元器件，尽量避免可能产生干扰的因素。

① 发热量较大的元器件，应加装散热器，尽可能放置在有利于散热的位置以及靠近机壳处。热敏元器件要远离发热元器件。

② 对于重量超过 15g 的元器件（如大型电解电容），应另加支架或紧固件，不能直接焊接在印制电路板上。

③ 尽可能缩短高频元器件之间的连线，设法减少它们的分布参数和相互间的电磁干扰。易受干扰的元器件应加以屏蔽。

④ 同一印制电路板上有铁芯的电感线圈，应尽量相互垂直放置，且距离较远，以减少相互间的辐射。

⑤ 某些元器件或导线之间可能有较高的电位差，应加大它们之间的距离，以免放电引起意外短路。高压电路部分的元器件与低压部分应分隔不少于 2mm。

⑥ 高频电路与低频电路不宜靠得太近。

⑦ 电感、变压器等元器件放置时要注意其磁场方向，尽量避免磁力线对印制导线的切割。

⑧ 用于显示的发光二极管等，在应用过程中要用来观察，应考虑放在印制电路板的边缘处。

4. 注意操作性能对元器件位置的要求

① 对于电位器、可调电容、可调电感等可调元器件的布局，应考虑整机的结构要求。若是机内调节，应放在印制电路板上方便调节的地方；若是机外调节，其位置要与调节旋钮在机箱面板上的位置相适应。

② 为了保证调试、维修时的安全，特别要注意对于带高电压的元器件，要尽量布置在操作时人手不易触及的地方。

7.2.2 元器件的布置

1. 元器件的排列方式

元器件在印制电路板上的排列方式有不规则与规则两种方式，在印制电路板上可单独采用一种方式，也可以同时采用两种方式。

（1）不规则排列

元器件不规则排列也称随机排列，如图 7-1（a）所示。即元器件轴线方向彼此不一致，排列顺序无一定规则。这种方式排列元器件，不受位置与方向的限制，因而印制导线布设方便，可以减小和缩短元器件的连接，这对于减小印制电路板的分布参数、抑制对高频电路的干扰特别有利，这种排列方式常在立式安装中采用。

（2）规则排列

元器件轴线方向排列一致，并与印制电路板的四边垂直或平行，如图7-1（b）所示。这种方式排列元器件，可使印制电路板上元器件排列规范、整齐、美观，方便装焊、调试，易于生产和维修。但由于元器件排列要受一定方向和位置的限制，因而印制电路板上的导线布设可能复杂一些，印制导线也会相应增加。这种排列方式常用于板面较大、元器件种类相对较少而数量较多的低频电路中。元器件卧式安装时，一般以规则排列为主。

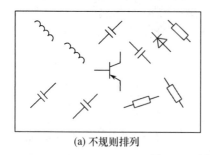 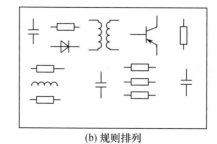

(a) 不规则排列　　　　　　　　　(b) 规则排列

图 7-1　元器件的排列方式

2．元器件的布局原则

① 元器件在整个印制电路板上的布局排列应均匀、整齐、美观。

② 印制电路板布局要合理，周边应留有空间，以方便安装。位于印制电路板边缘上的元器件距离印制电路板的边缘应至少大于2mm。

③ 一般元器件应布设在印制电路板的一面，并且每个元器件的引出脚要单独占用一个焊盘。

④ 元器件的布设不能上下交叉。相邻的两个元器件之间，要保持一定间距。间距不得过小，避免相互碰接。如果相邻元器件的电位差较高，则应当保持安全距离。

⑤ 元器件的安装高度要尽量低，以提高其稳定性和抗震性。

⑥ 根据印制电路板在整机中的安装位置及状态确定元器件的轴线方向，以提高元器件在电路板上的稳定性。

⑦ 元器件两端焊盘的跨距应稍大于元器件的轴向尺寸，引脚引线不要从根部弯折，应留有一定距离（大于1.5mm），以免损坏元器件。

⑧ 对称电路应注意元器件的对称性，尽可能使其分布参数一致。

7.2.3　印制导线的设计

1．印制导线的宽度

一般情况下，建议导线宽度优先采用0.5mm、1.0mm、1.5mm和2.0mm。印制导线具有一定的电阻，通过电流时将产生热量和电压降。通过导线的电流越大，温度越高。导线如长期受热后，铜箔会因粘贴强度降低而脱落。因此，要控制工作温度就要控制导线的电流。一般可采用导线的最大电流密度不超过$20A/m^2$。表7-1列出了铜箔为0.05mm厚的印制导线宽度与允许载流量、电阻的关系。

表 7-1　铜箔厚度为0.05mm时印制导线宽度与允许载流量、电阻的关系

导线宽度/mm	0.5	1.0	1.5	2.0
允许载流量/A	0.8	1.0	1.3	1.9
电阻/（Ω/m）	0.7	0.41	0.31	0.25

印制电路的电源线和接地线的允许载流量较大，因此，设计时要适当加宽，一般取1.5～

2.0mm。当要求印制导线的电阻和电感小时，可采用较宽的信号线；当要求分布电容小时，可采用较窄的信号线。

2．印制导线的间距

一般情况下，建议导线间距等于导线宽度，最小导线间距应不小于0.4mm。导线间距与焊接工艺有关，采用浸焊或波峰焊时，间距要大一些，手工焊间距可小一些。

在高压电路中，相邻导线间存在着高电位梯度，必须考虑其影响。印制导线间的击穿将导致基板表面炭化、腐蚀和破裂。在高频电路中，导线间距将影响分布电容的大小，从而影响着电路的损耗和稳定性。因此，导线间距的选择应根据基板材料、工作环境和分布电容大小等因素来确定。最小导线间距还同印制电路板的加工方法有关，选用时应综合考虑。

3．印制导线的屏蔽与接地

印制导线的公共地线应尽量布置在印制电路板的边缘。在高频电路中，印制电路板上应尽可能多地保留铜箔做地线，最好形成环路或网状，这样不但屏蔽效果好，还可减小分布电容。多层印制电路板可采用其中某些层来做屏蔽层（如电源层、地线层），一般地线层和电源层设计在多层板的内层，信号线设计在内层和外层。

4．跨接线的使用

在单面板的设计中，有些线路无法连接时，常会用到跨接线（也称飞线）。跨接线通常是随意的，有长有短，这会给生产带来不便。放置跨接线时，其种类越少越好，通常情况下只设3种，即6mm、8mm、10mm，超出此范围会给生产带来不便。

5．布线原则

① 同一印制电路板的导线宽度（电源线和地线除外）最好一致。

② 印制导线应走向平直，不应有急剧的弯曲和出现尖角，所有弯曲与过渡部分均用圆弧连接。

③ 印制导线应尽可能避免有分支，如必须有分支，分支处应圆滑。

④ 印制导线应避免长距离平行，双面布设的印制导线不能平行，应交叉布设。

⑤ 如果印制电路板需要有大面积的铜箔，如电路中的接地部分，则整个区域应镂空成栅状，这样在浸焊时能迅速加热，并保证涂锡均匀。此外，还能防止印制电路板受热变形，防止铜箔翘起和剥落。

⑥ 当导线宽度超过3mm时，最好在导线中间开槽形成两根并联线。

⑦ 印制导线由于自身可能承受附加的机械应力，以及局部高电压引起的放电现象，因此，尽可能避免出现尖角或锐角拐弯，一般避免选用和优先采用的印制导线形状如图7-2所示。

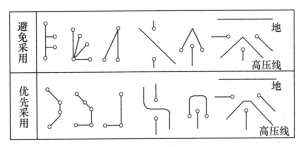

图7-2 印制导线的形状

7.2.4 焊盘及孔的设计

元器件在印制电路板上的固定是靠引线焊接在焊盘上实现的。过孔的作用是实现印制电路板不同层面的电气连接。

1. 焊盘的尺寸

焊盘的尺寸与引线孔、孔环宽度等因素有关。为保证焊盘与基板连接的可靠性，应尽量增大焊盘的尺寸，但同时还要考虑布线密度。

引线孔钻在焊盘的中心，孔径应比所焊接元器件引线的直径略大一些，通常情况下，元器件引脚直径加 0.2mm 作为焊盘内孔直径。元器件引线孔的直径优先采用 0.5mm、0.8mm 和 1.2mm 等尺寸，焊盘的圆环宽度在 0.5～1.0mm 的范围内选用。一般对于双列直插式集成电路，焊盘直径尺寸为 1.5～1.6mm，相邻的焊盘之间可穿过 0.3～0.4mm 宽的印制导线。一般焊盘的环宽不小于 0.3mm，焊盘直径不小于 1.3mm。实际焊盘的大小可选用表 7-2 推荐的参数。

表 7-2 引线孔径与相应的焊盘直径

焊盘直径/mm	2	2.5	3.0	3.5	4.0
引线孔径/mm	0.5	0.8/1.0	1.2	1.5	2.0

2. 焊盘的形状

根据不同的要求选择不同形状的焊盘。常见的焊盘形状有圆形、方形、椭圆形、岛形和泪滴形等，如图 7-3 所示。

圆形焊盘：外径一般为 2～3 倍孔径，孔径大于引线 0.2～0.3mm，广泛用于元器件规则排列的单、双面板中。

岛形焊盘：焊盘与焊盘间的连线合为一体，犹如水上小岛，故称岛形焊盘。常用于元器件的不规则排列中，有利于元器件密集固定，并可大量减少印制导线的长度和数量。所以，岛形焊盘多用在高频电路中。

泪滴形焊盘：当焊盘连接的走线较细时常采用泪滴形焊盘，以防焊盘起皮时走线与焊盘断开。这种焊盘常用在高频电路中。

多边形焊盘：用于区别外径接近而孔径不同的焊盘，便于加工和装配。

椭圆形焊盘：这种焊盘有足够的面积增强抗剥落能力，常用于双列直插式元器件。

开口形焊盘：为了保证在波峰焊后，使手工补焊的焊盘孔不被焊锡封死时多采用。

方形焊盘：印制电路板上元器件大而少，且印制导线简单时多采用。在手工自制 PCB 时，采用这种焊盘易于实现。

(a) 圆形　(b) 岛形　(c) 泪滴形　(d) 多边形　(e) 椭圆形　(f) 开口形　(g) 方形

图 7-3 常见焊盘形状

3. 孔的设计

① 引线孔：即焊盘孔，有金属化和非金属化之分。引线孔有电气连接和机械固定双重作用。引线孔的直径一般比元器件引线的直径大 0.2～0.4mm。引线孔过小，元器件引脚安装困难，焊锡不能润湿金属孔；引线孔过大，容易形成气泡等焊接缺陷。

② 过孔：也称连接孔，均为金属化孔，主要用于不同层间的电气连接。一般电路过孔的直径可取 0.6～0.8mm，高密度板可减少到 0.4mm，甚至用盲孔方式，即过孔完全用金属填充。过孔的最小极限受制板技术和设备条件的制约。

③ 安装孔：安装孔用于大型元器件和印制电路板的固定，安装孔的位置应便于装配。

④ 定位孔：定位孔主要用于印制电路板的加工和测试定位，可用安装孔代替，也常用于印制电路板的安装定位，一般采用三孔定位方式，孔径根据装配工艺确定。

7.3 印制电路板的制作工艺

7.3.1 印制电路板制作过程的基本环节

印制电路板的制造工艺技术发展很快,不同类型和不同要求的印制电路板采取不同的制作工艺,但制作工艺基本上可以分为减成法和加成法两种。减成法工艺,就是在覆满铜箔的基板上按照设计要求,采用机械的或化学的方法除去不需要的铜箔部分来获得导电图形的方法。如丝网漏印法、光化学法、图形电镀法、雕刻法等。加成法工艺,就是在没有覆铜箔的层压板基材上采用某种方法敷设所需的导电图形,如丝网电镀法、粘贴法等。在生产工艺中用得较多的方法是减成法,其工艺流程如下。

1. 绘制照相底图

① 手工绘制:用墨汁在白铜板纸上绘制照相底图,方法简单,绘制灵活,缺点是导线宽度不匀、效率低。一般用于新产品研制及小批量生产或修理有缺陷的底图。

② 贴图:利用不干胶带和干式转移胶黏盘直接在覆铜板上粘贴焊盘和导线,也可以在透明或半透明的胶片上直接贴制1:1黑白图。贴好的底图可直接用来翻版,制作照相原版。贴图的优点是比手工绘制底图速度快,精度高,质量好,且易于修改,因此一度成为印制电路板行业照相制版的主要方法,一直沿用到现在。

③ 光绘:使用光绘机可以直接将PCB设计的印制电路板图形数据送入自身的计算机系统,控制光绘机,利用光线直接在底片上绘制图形,再经显影、定影得到照相底片。使用光绘技术制作印制电路板照相底片,速度快、精度高、质量好,而且避免了在人工贴图或绘制照相底图时可能出现的人为错误,大大提高了工作效率,缩短了印制电路板的生产周期。

④ 计算机绘制:用计算机对印制电路板进行辅助设计,这是目前印制电路板底图设计的主要工具。利用计算机绘制底图,不仅可以使底图更整洁、标准,而且能够解决手工布线时印制导线不能过细和较窄的间隙不易布线等问题,同时可彻底解决双面焊盘严格的一一对应问题,并且通过绘图仪很方便地将黑白图绘制出来,还可通过磁盘对印制底图做永久性的保存。

2. 底图胶片制版

用绘好的照相底图制版,版面尺寸通过调整相机焦距准确达到印制电路板尺寸,相版要求反差大,无砂眼。制版过程与普通照相大体相同,相版干燥后需修版,对相版上的砂眼进行修补,不要的要用小刀刮掉。

3. 图形转移

相版制好后,将底版上的电路图形转移到覆铜板上,称为图形转移。具体方法有丝网漏印法、直接感光法、光敏干膜法等。

4. 蚀刻、钻孔

蚀刻在生产线上也称烂板。它是利用化学方法去除印制电路板上不需要的铜箔,留下组成图形的焊盘、印制导线与符号等。常用的蚀刻溶液有三氯化铁、酸性氯化铜、碱性氯化铜、硫酸—过氧化氢等。

钻孔是对印制电路板上的焊盘孔、安装孔、定位孔进行机械加工,可在蚀刻前或蚀刻后进行。除用台钻打孔外,现在普遍采用程控钻床钻孔。

5. 孔壁金属化

孔金属化是双面板和多层板的孔与孔间、孔与导线间导通的最可靠方法,是印制电路板质量好坏的关键。它采用将铜沉积在贯通两面导线或焊盘的孔壁上，使原来非金属的孔壁金属化。

6．金属涂覆

为提高印制电路的导电性、可焊性、耐磨性、装饰性，延长印制电路板的使用寿命，提高电气的可靠性，在印制电路板上的铜箔上涂覆一层金属便可达到目的。金属镀层的材料有金、银、锡、铅锡合金等，方法有电镀和化学镀两种。

7．涂覆助焊剂和阻焊剂

印制电路板经表面金属涂覆后，为方便自动焊接，可进行助焊和阻焊处理。

7.3.2　印制电路板的制作流程

1．单面板的制作流程

制作流程：覆铜板下料→表面去油处理→上胶→曝光→显影→固膜→修版→蚀刻→去保护膜→钻孔→成形→表面涂覆→助焊剂→检验。

2．双面板的制作流程

制作流程：覆铜板下料→钻孔→化学沉铜→电镀铜加厚（达到预定厚度）→贴干膜→图形转移（曝光、显影）　→二次电镀加厚→镀铅锡合金→去保护膜→腐蚀→镀金（插头部分）→成形热熔→印制阻焊剂及文字符号→检验。

3．多层板的制作流程

多层板具有装配密度高、体积小、质量轻、可靠性高等特点。随着电子技术朝高速、多功能、大容量、便携和低耗的方向发展，多层板的应用越来越广泛，其层数及密度也越来越高，结构也越来越复杂。其主要制作流程如下：

内层覆铜板双面开料→刷洗→干燥→钻定位孔→贴光致抗蚀干膜或涂覆光致抗蚀剂→曝光→显影→蚀刻、去膜→内层粗化、去氧化→内层检查→外层单面覆铜板线路制作→板材黏结片检查→钻定位孔→层压→钻孔→孔检查→孔前处理与化学镀铜→全板镀薄铜→镀层检查→贴光致耐电镀干脂或涂覆光致耐电镀剂→面层底板曝光→显影、修板→线路图形电镀→电镀锡铝合金或金镀→去膜和蚀刻→检查→网印阻焊图形或光致阻焊图形→热风平整或有机保护膜→数控洗外形→成品检验。

7.4　印制电路板的实验室制作

7.4.1　热转印法制作印制电路板

热转印法制作印制电路板简单易行、成本低，所用设备如图 7-4 所示。

(a) 热转印机　　　　(b) 蚀刻机　　　　(c) 钻床

图 7-4　热转印法制作印制电路板所用设备

热转印法制版工艺流程如图 7-5 所示。

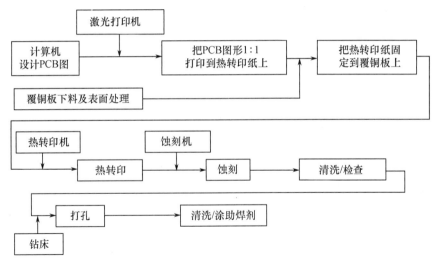

图 7-5 热转印法制版工艺流程

① 绘图：利用计算机辅助设计制作 PCB 图。

② 打印：用激光打印机按 1：1 比例将 PCB 图打印在热转印纸上。

③ 转印：将打印好的热转印纸覆盖在覆铜板上，送入热转印机（温度 150～200℃），来回压几次，使熔化的墨粉完全吸附在覆铜板上（也可以用电熨斗往复熨烫）。

④ 检查、修复：覆铜板冷却后，揭去热转印纸，检查焊盘与导线是否有遗漏。若有，用稀稠适宜的调和漆或油性笔将图形和焊盘描好。

⑤ 蚀刻：将印好 PCB 图的覆铜板放入浓度为 28%～42% 的三氯化铁水溶液（或双氧水+盐酸+水，比例为 2：1：2 的混合液）中。将覆铜板全部浸入溶液后，用排笔轻轻刷扫，待完全腐蚀后，取出用水清洗（或采用专用蚀刻机进行腐蚀）。

⑥ 打孔：把蚀刻好的板子清洗干净后上钻床钻孔。钻孔时注意钻床的转速应取高速，钻头刃应锋利，进刀不宜过快，以免把铜箔挤出毛刺。

⑦ 涂助焊剂：把腐蚀液清洗干净后，用抹布蘸上污粉后反复在板上擦拭，去掉铜箔氧化膜，展出铜的本色。冲洗晾干后，应立即涂助焊剂（可用已配好的松香酒精溶液）。

7.4.2 雕刻机制作印制电路板

近年来随着计算机辅助制造技术（CAM）的不断发展，印制电路板的制作技术也有了新的进步。印制电路板雕刻机的出现使得印制电路板的制作又有了一种全新的方式。该技术集合了机械技术和计算机技术，利用计算机软件控制小型电动机的运转，电动机带动各种类型的小钻头在覆铜板上进行雕刻操作，从而制成印制电路板。雕刻机比较适用于实验室科研或产品试制阶段的 PCB 制作。

1. PCB 雕刻机（LPKF）工作原理简介

把空白覆铜板固定在雕刻机内部的工作台上，打开电源。把设计好的 PCB 文件导出成为通用的加工格式文件，然后导入 CircuitCAM 加工处理软件进行前期处理。CircuitCAM 生成的用于驱动雕刻机的数据以二进制的形式存储在一个完整的加工文件中，该文件包含了印制电路板的板材面积格式、线路走向数据、钻孔数据及外形数据等。CircuitCAM 软件进行处理后，就导出到 BoardMaster 软件中。BoardMaster 软件是雕刻机进行操作的直接控制软件，该软件利用 CircuitCAM 导入的加工文件直接控制雕刻机操作。

2. LPKF 雕刻机（见图 7-6）的操作过程

① 开机：接通电源。

② 使用 GO TO PAUSE 命令将刀具架移动到 PAUSE 点。

③ 贴板：用定位钉将印制电路板和垫板固定在工作台上。

④ 使用移动功能将刀头移动到板材的左下侧后导入操作的文件。

⑤ 使用 EDIT-PLACEMENT 功能把加工数据摆放到材料区域内。注意，当右击鼠标加工数据时，也可以打开 PLACEMENT 对话框。

⑥ 钻孔：选择钻孔工序 Drilling Plated。单击选中所有的打孔数据，使选中的数据被高亮显示，打开自动开关，单击 START 按钮开始钻孔。需要更换刀具时，软件会自动停止电动机转动，将加工头移动到 TOOL CHANGE 位置，然后使用内六方扳手松开夹头内的刀具顶丝，用镊子把刀具从夹头中移走，然后插入加工软件所提示的刀具型号。插入刀具时，要将刀柄一直插到底再将顶丝拧紧，单击 OK 按钮，确定刀具更换完毕后进入加工状态。加工过程中系统会根据孔径的不同依次调用不同直径的刀具，使用完毕会自动更换。

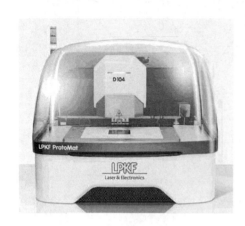

图 7-6 LPKF 雕刻机

⑦ 孔金属化：钻孔工序完毕后进行电镀工序，对过孔进行电镀沉铜。

⑧ 雕刻：选中 Milling Bottom Layer，铣削印制电路底层图形，单击选中所有的加工数据，选中的数据被高亮显示。单击软件中的 START 按钮开始加工，刀头移动到换刀位置系统提示更换刀具。若需加工双层板，只需移动加工头到 PAUSE 点后，翻转印制电路板，然后继续加工。

⑨ 割边：雕刻操作的最后一道工序就是切外形，更换专用切外形的刀具后按照设计要求对印制电路板进行切割，从而完成制作。

经过以上工序最终会快速加工成合格的印制电路板产品，该雕刻工艺快速，无污染，可直接验证自己的设计成果，提高了工作效率。

3. 雕刻机单面板的制作流程

贴板→钻孔→雕刻→割边→打磨→完成。

4. 雕刻机双面板的制作流程

贴板→钻孔→孔金属化→雕刻→雕刻另一面→割边→打磨→完成。

7.5 印制电路板制作实训

【实训目标】

通过实训掌握蚀刻法制作单面印制电路板的方法。

【实训器材】

装有制图软件 Altium Designer（或 Protel 99SE）的计算机一台，激光打印机一台，热转印机一台，蚀刻机一台（内装三氯化铁溶液），钻孔机一台，裁板机一台，转印纸（A4）一张，覆铜板（A4）一张。

【知识要点】

（1）熟练应用制图软件 Altium Designer（或 Protel 99SE）。

（2）印制电路板的排版设计。

（3）蚀刻法制作印制电路板的工艺流程。

【实训内容及要求】

（1）应用制图软件 Altium Designer（或 Protel 99SE）绘制电路原理图。

（2）根据电路原理图设计生成 PCB 图（见图 7-7）。

（3）打印 PCB 图：用激光打印机把 PCB 图打印到转印纸上（见图 7-8）。注意：在打印层设置中去掉 Top Overlay 层，只打印覆铜区域。

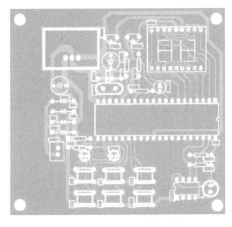 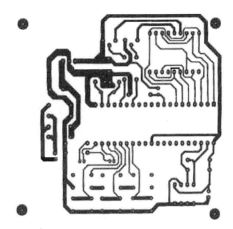

图 7-7　PCB 图　　　　　　　　图 7-8　PCB 图打印到转印纸上

（4）裁剪覆铜板：根据转印纸上 PCB 图形的大小裁剪覆铜板。

（5）热转印：把打印好的转印纸正面（有图形的一面）粘贴到覆铜板上，热转印机开启预热，当热转印机的温度达到 150℃时，把贴好转印纸的覆铜板推入热转印机（见图 7-9（a）），覆铜板会从热转印机的另一侧出来，取出覆铜板，待其冷却后，慢慢揭去转印纸，PCB 图形就转印到覆铜板上了（见图 7-9（b））。

 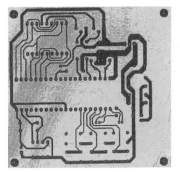

(a) 热转印机转印图形　　　　(b) 转印到覆铜板上的图形

图 7-9　热转印

（6）检查断线、漏线等缺陷，并用油性笔修补。

（7）蚀刻：把转印好图形的覆铜板放入蚀刻机（内装三氯化铁溶液）（见图 7-10），插上电源，启动水泵和加热器。大约 15 分钟后，覆铜板已完成腐蚀，取出覆铜板，并用清水清洗干净（见图 7-11）。

 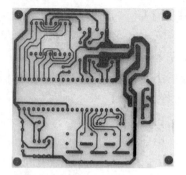

图 7-10 蚀刻　　　　　　　图 7-11 蚀刻后的印制电路板

（8）钻孔：钻孔机钻孔，用去污粉把铜箔上的黑色碳粉清除（见图 7-12）。

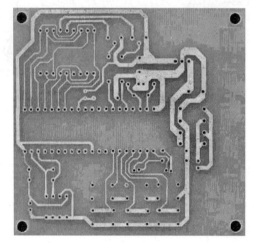

图 7-12 钻孔后的印制电路板

第 8 章 电子技术基础实训

8.1 直流稳压电源

8.1.1 分立元器件构成的串联型直流稳压电源及充电器

【实训目的】
（1）了解多路输出稳压电源及充电器的工作原理。
（2）安装多路输出稳压电源及充电器。
（3）按照要求进行调试，加深对电路原理的理解。
（4）培养动手能力及严谨的科学作风。

【电路组成及原理简介】

直流稳压电源由电源变压器、整流、滤波和稳压电路 4 部分组成，其原理框图如图 8-1 所示。电网供给的交流电压 u_1（220V，50Hz）经电源变压器降压后，得到符合电路需要的交流电压 u_2，然后由整流电路变换成方向不变、大小随时间变化的脉动电压 U_3，再通过滤波电路滤去交流分量，就可得到比较平直的直流电压 U_i，但这样的直流输出电压，还会随交流电网电压的波动或负载的变动而变化，再通过稳压电路后才能得到稳定的直流电压 U_o。

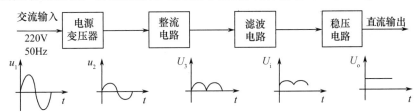

图 8-1 直流稳压电源原理框图

图 8-2 是由分立元器件组成的串联型直流稳压电源及充电器的电路图。整流电路为单相桥式整流，滤波电路为电容滤波。稳压部分为串联型稳压电路，由调整管（晶体管 VT1 和 VT2 组成复合管），比较放大器 VT3，取样电路 R_4、R_5、R_6、R_P，基准电压电路 LED-P、R_3 等组成。整个稳压电路是一个具有电压串联负反馈的闭环系统，其稳压过程为：当电网电压波动或负载变动引起输出直流电压发生变化时，取样电路取出输出电压的一部分送入比较放大器，并与基准电压进行比较，产生的误差信号经 VT3 放大后送至调整管的基极，使调整管改变其管压降，以补偿输出电压的变化，从而达到稳定输出电压的目的。R_2 及 LED-A 组成简单的过载及短路保护电路，LED-A 兼作过载指示，输出过载（输出电流增大）时，R_2 上压降增大，当增大到一定数值后，LED-A 导通，使调整管 VT1、VT2 的基极电流不再增加，起到限流保护作用。

输出电压可由下式计算

$$U_o = \left(1 + \frac{R_x}{R_6}\right) U_z \tag{8-1}$$

式中，取样电阻 R_x 为 R_4、R_5 或 R_P。

过载电流的计算

$$I_{\max} = \frac{U_{\text{LED-A}} - U_{\text{be1}} - U_{\text{be2}}}{R_2} \quad (8\text{-}2)$$

式中，$U_{\text{LED-A}}$ 为发光二极管 LED-A 的正向导通压降、U_{be1} 为三极管 VT1 的发射结压降、U_{be2} 为三极管 VT2 的发射结压降。

VT4、VT5 及其周围元器件组成两路完全相同的恒流源电路。以 VT4 部分单元电路为例，LED1 兼作稳压和充电指示两个作用，VD5 的作用是防止充电电池极性接错。流过电阻 R_7 的电流可近似表示为

$$I_\text{o} = \frac{U_\text{Z} - U_\text{be}}{R_7} \quad (8\text{-}3)$$

式中，I_o 为输出电流；U_Z 为 LED1 上的正向压降，取 1.9V。

由式（8-3）可知，输出电流主要取决于 U_Z 的稳定性，而与负载无关，因此实现恒流输出。可根据充电电流的需要，改变 R_7 的阻值，调节输出电流的大小。

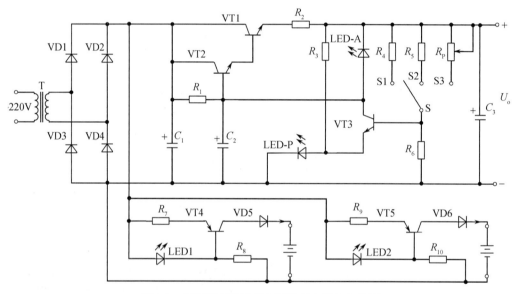

图 8-2 串联型直流稳压电源及充电器的电路图

【主要技术指标】

（1）稳压电源的输出电压及其调节范围。

输出电压（直流稳压）分 3 挡，当开关 S 分别打到 S1、S2、S3 时，输出电压分别为 3V、6V 和可调电压挡，各挡误差为±10%。

（2）稳压电源的输出电流（直流）：额定值为 300mA。

（3）过载短路保护，故障消除后自动恢复。

（4）充电稳定电流：60mA（误差为±10%）。

【实训器材】

（1）多路输出稳压电源及充电器的电路板和元器件，元器件清单见表 8-1。

（2）万用表 1 台、电烙铁 1 把、断线钳 1 把、镊子 1 把、焊锡若干、松香若干。

表 8-1　多路输出稳压电源及充电器的元器件清单

序号	代　号	名　称	规格或型号	数量
1		万能板	8cm×12cm	1
2	R_1、R_3	电阻	1kΩ（1/8W）	2
3	R_2	电阻	1Ω（1/8W）	1
4	R_4	电阻	33Ω（1/8W）	1
5	R_5	电阻	270Ω（1/8W）	1
6	R_6	电阻	220Ω（1/8W）	1
7	R_7、R_9	电阻	24Ω（1/8W）	2
8	R_8、R_{10}	电阻	560Ω（1/8W）	2
9	R_P	电位器	1kΩ	1
10	C_1	电解电容	470μF/16V	1
11	C_2	电解电容	22μF/10V	1
12	C_3	电解电容	100μF/10V	1
13	VD1～VD6	二极管	1N4001	6
14	LED1、LED2、LED-A	发光二极管	ϕ3mm，红色	3
15	LED-P	发光二极管	ϕ3mm，绿色	1
16	VT1	三极管	8050（NPN）	1
17	VT2、VT3	三极管	9013（NPN）	2
18	VT4、VT5	三极管	8550（PNP）	2
19	T	电源变压器	3W，AC220V/9V	1
20	S	波段开关	RS17	1

【实训内容及步骤】

（1）了解多路输出稳压电源及充电器的工作原理。

（2）按元器件清单清点元器件，并负责保管。

（3）用万用表检测元器件（见表8-1），并记录测量结果。检查印制电路板的铜箔线条是否完好，有无断线、短路，特别注意边缘。

（4）认真细心地安装、焊接。

（5）检测调试整机电路。步骤如下：

① 目视检测：安装、焊接完毕后，按照原理图及工艺要求检查整机安装情况，检查输入、输出连线是否正确、可靠，相邻导线及焊点有无短路及其他缺陷。

② 测试输出电压：S1、S2、S3为输出电压选择开关，对应的输出电压分别为3V、6V、可调电压。记录测试输出电压的数值，并计算误差。调节电位器R_P，记录输出电压的变化范围。

③ 充电检测：用数字万用表的200mA挡代替电池，电流值应为60mA（误差为±10%），相应的指示灯点亮。注意：红表笔接充电电池的"+"端，黑表笔接充电电池的"−"端。

8.1.2　三端集成稳压器构成的直流稳压电源

【实训目的】

（1）理解三端集成稳压器的工作原理。

（2）熟悉三端集成稳压器的性能、特点和应用电路。

（3）掌握三端集成稳压器组成的稳压电源的性能测试。

【电路组成及原理简介】

三端集成稳压器的型号有多种，有固定输出的，有可调输出的。三端固定式集成稳压器是一种串联调整式稳压器。它将全部电路集成在单块硅片中，整个集成稳压器只有输入、输出和公共3个引出端，使用非常方便。典型产品有78××正电压输出系列和79××负电压输出系列，78××/79××系列中的型号××表示集成稳压器的输出电压的数值，以伏（V）为单位。三端可调式集成稳压器可以输出连续可调的直流电压，常见的产品有××117/××217/××317、××137/××237/××337。××117/××217/××317系列稳压器可输出连续可调的正电压；××137/××237/××337系列可输出连续可调的负电压。可调范围为1.25～37V，最大输出电流可达1.5A，典型产品有LM317/LM337等。

LM317作为输出电压可调的三端集成稳压块，是一种使用方便、应用广泛的集成稳压块。图8-3是由三端集成稳压器LM317构成的输出电压可调的正电源稳压电路，其输出电压可在1.25～37V连续调节。调节电位器R_P中间抽头的位置，就可以改变输出电压的数值。输出电压的表达式为

$$U_o = 1.25 \left(1 + \frac{R_P}{R_1}\right) \tag{8-4}$$

为消除输入线较长时的电感效应，接入电容器C_2；C_4作为去耦电容，可取几十到几百微法，但若C_4容量较大，一旦输出端断开，C_4将从稳压器输出端向稳压器放电，易损坏稳压器。为了保护稳压器不受损坏，在稳压器两端并联一只保护二极管VD6。C_3的作用是减少输出直接电压的脉动成分。但在输出端短路时，C_3将向稳压器的调整端放电并使调整管发射结反偏，为了保护稳压器，可加保护二极管VD5，提供一个放电回路。

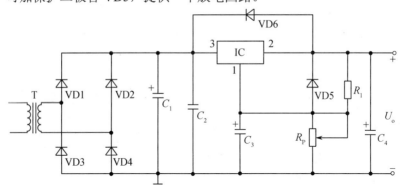

图8-3 三端稳压器构成的直流稳压电源

【实训器材】

（1）由三端集成稳压器LM317构成的直流稳压电源的元器件清单见表8-2。

表8-2 三端集成稳压器LM317构成的直流稳压电源元器件清单

代号	名称	规格	代号	名称	规格
IC	三端稳压器	LM317	C_4	电解电容器	100μF/25V
VD1～VD6	二极管	1N4007	R_1	电阻器	120Ω
C_1	电解电容器	1000μF/25V	R_P	电位器	5.1kΩ
C_2	电容器	104	T	电源变压器	3W，AC220V/9V
C_3	电解电容器	10μF/25V		万能板	6cm×8cm

（2）万用表1台、交流毫伏表1台、电烙铁1把、断线钳1把、镊子1把、焊锡若干、松

香若干。

【性能测试】

根据电路原理图 8-3 在万能板上完成电路的装配。

(1) 在空载情况下,调节电位器 R_P,用万用表的直流电压挡测输出电压,观察输出电压的变化范围,并观察电压的稳定情况。

(2) 输出电流的测量。首先调电位器 R_P 使输出电压为一固定值,将 5.1kΩ 电位器调至最大,接到输出端,逐渐减小阻值,直到输出电压明显降低。用万用表电流挡测出电流大小。

(3) 测纹波系数。将输出电压接到交流毫伏表,测出输出电压的有效值,它与万用表的直流电压挡测出的直流量的比值,即为纹波系数(测出最大值和最小值,即纹波系数的变化范围)。

8.2 运算放大器的基本应用

【实训目的】

(1) 熟悉运算放大器的性能及应用。
(2) 研究由集成运算放大器组成的基本线性运算电路。
(3) 了解集成运算放大器使用时的注意事项。

【原理简介】

(1) 理想运算放大器的特性

在大多数情况下,可将运算放大器视为理想运算放大器,即将运算放大器的各项技术指标理想化。理想运算放大器的特点如下。

- 开环电压放大倍数:$A_{ud} \to \infty$。
- 输入阻抗:$R_i \to \infty$。
- 输出阻抗:$R_o = 0$。
- 带宽:$f_{BW} \to \infty$。
- 失调与漂移均为零等。

运算放大器应用时的两个重要特性。

① 输出电压与输入电压之间满足关系式 $U_o = A_{ud}(U_+ - U_-)$,由于 $A_{ud} \to \infty$ 而 U_o 为有限值,因此 $(U_+ - U_-) = 0$,即 $U_+ = U_-$,称为"虚短"。

② 由于 $R_i \to \infty$,因此流进运算放大器两个输入端的电流可视为零,称为"虚断"。

(2) 基本运算电路

1) 反相比例运算电路

电路如图 8-4 所示。对于理想运算放大器,该电路的输出电压与输入电压之间的关系为

$$U_o = -\frac{R_F}{R_1} U_i \tag{8-5}$$

为了减小输入级偏置电流引起的运算误差,在同相输入端应接入平衡电阻 R_2,$R_2 = R_1 // R_F$。

2) 同相比例运算电路

图 8-5 是同相比例运算电路,它的输出电压与输入电压之间的关系为

$$U_o = \left(1 + \frac{R_F}{R_1}\right) U_i \qquad R_2 = R_1 // R_F \tag{8-6}$$

3) 反相加法运算电路

电路如图 8-6 所示,输出电压与输入电压之间的关系为

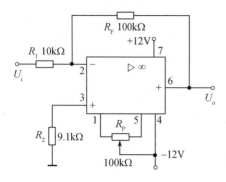
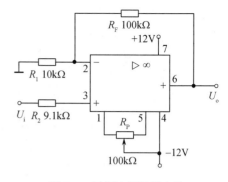

图 8-4　反相比例运算电路　　　　　　　图 8-5　同相比例运算电路

$$U_o = -\left(\frac{R_F}{R_1}U_{i1} + \frac{R_F}{R_2}U_{i2}\right) \quad R_3 = R_1//R_2//R_F \tag{8-7}$$

4）减法运算电路

电路如图 8-7 所示，当 $R_1=R_F$、$R_2=R_3$ 时，有如下关系式

$$U_o = \frac{R_F}{R_1}(U_{i2} - U_{i1}) \tag{8-8}$$

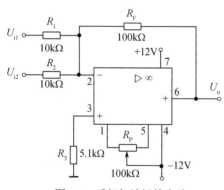
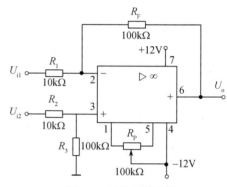

图 8-6　反相加法运算电路　　　　　　　图 8-7　减法运算电路

5）积分运算电路

反相积分电路如图 8-8 所示。在理想化条件下，输出电压为

$$U_o = -\frac{1}{R_1C}\int u_i dt + U_C(0) \tag{8-9}$$

式中，$U_C(0)$ 是 $t=0$ 时刻电容 C 两端的电压值，即初始值。

在进行积分运算之前，首先应对运算放大器调零。为了便于调节，将图中 S1 闭合，即通过电阻 R_2 的负反馈作用帮助实现调零。但在完成调零后，应将 S1 断开，以免因 R_2 的接入造成积分误差。S2 的设置一方面为积分电容放电提供通路，同时可实现积分电容初始电压 $U_C(0)=0$；另一方面，可控制积分起始点，即在加入信号 u_i 后，只要 S2 一断开，电容就将被恒流充电，电路也就开始进行积分运算。

如图 8-9 所示为 μA741 的引脚图，其中 1 和 5 为偏置（调零）端，3 为正相输入端，2 为反相输入端，4 为接地端，6 为输出端，7 为电源端，8 为空脚。

【实训器材】

（1）完成本次实训所需元器件清单见表 8-3。

（2）直流稳压电源 1 台、双踪示波器 1 台、万用表 1 台、电烙铁 1 把、断线钳 1 把、镊子

1把、焊锡若干、松香若干。

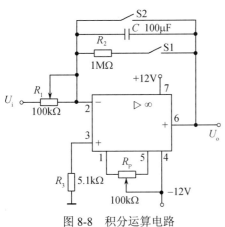

图 8-8 积分运算电路

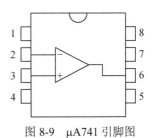

图 8-9 μA741 引脚图

表 8-3 元器件清单

名称	规格（型号）	数量	名称	规格（型号）	数量
集成运算放大器	μA741	1	电阻器	1MΩ	1
电阻器	10kΩ	6	电位器	1kΩ	2
电阻器	100kΩ	5	电位器	100kΩ	6
电阻器	9.1kΩ	2	电容器	10μF	1
电阻器	5.1kΩ	1	万能板	6cm×8cm	5
电阻器	510Ω	4	集成电路插座 8PIN		5

【测试内容】

（1）反相比例运算电路

① 按图 8-4 在万能板上装配电路。接通±12V 电源，输入端对地短路，调零。

② 输入 $f=100$Hz、$U_i=0.5$V 的正弦交流信号，测量相应的 U_o，并用示波器观察 U_i 和 U_o 的相位关系，记入表 8-4 中。

表 8-4 反相比例运算电路（$U_i = 0.5$V、$f=1$kHz）

U_i/V	U_o/V	U_i 波形	U_o 波形	A_u	
				实测值	计算值

（2）同相比例运算电路

按图 8-5 在万能板上装配电路，测试步骤及内容同（1），把结果记入表 8-5 中。

表 8-5 数据记入（$U_i=0.5$V、$f=1$kHz）

U_i/V	U_o/V	U_i 波形	U_o 波形	A_u	
				实测值	计算值

（3）反相加法运算电路

① 按图 8-6 在万能板上装配电路，并调零。

② 输入信号采用直流信号，按图 8-10 搭接简易直流信号源。测试时要注意选择合适的直

流信号幅度，以确保集成运算放大器工作在线性区。用万用表的直流电压挡测量输入电压 U_{i1}、U_{i2} 及输出电压 U_o，记入表 8-6 中。

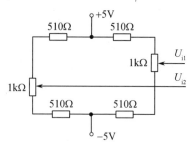

图 8-10　简易直流信号源

表 8-6　反相加法运算电路

U_{i1}				
U_{i2}				
U_o				

（4）减法运算电路

按图 8-7 在万能板上装配电路，测试步骤及内容同（3），把结果记入表 8-7 中。

表 8-7　减法运算电路

U_{i1}				
U_{i2}				
U_o				

（5）积分运算电路

① 按图 8-8 在万能板上装配电路，打开 S2、闭合 S1，对运算放大器输出调零。
② 调零完成后，再打开 S1、闭合 S2，使 $U_C(0)=0$。
③ 用双踪示波器观察输入、输出波形。
● 输入电压 u_i 为矩形波，并改变图 8-8 中电位器 R_1 的阻值，观察输出波形的变化并记录。

$$u_o = -\frac{1}{R_1 C}\int u_i dt = -\frac{U_i}{R_1 C}(t-t_0) \qquad (8\text{-}10)$$

● 输入电压为正弦波，观察并记入输出波形。

$$u_o = -\frac{1}{R_1 C}\int u_i dt = -\frac{1}{R_1 C}\int U_m \sin\omega t dt = \frac{U_m}{\omega RC}\cos\omega t \qquad (8\text{-}11)$$

8.3　函数信号发生器

【实训目的】
（1）熟悉 ICL8038 组成的函数信号发生器的电路原理及其结构。
（2）掌握 ICL8038 组成的函数信号发生器的组装过程。
（3）通过实训能用蚀刻法独立制作印制电路板。

【知识要点】
（1）熟练应用制图软件 Altium Designer（或 Protel 99SE）设计 PCB 图。
（2）印制电路板的制作流程。

【电路结构及原理简介】

ICL8038 是组成函数信号发生器的主要器件,其外形如图 8-11 所示。各引脚功能:1—正弦波调节 1;2—正弦波输出;3—三角波输出;4、5—频率/占空比调节;6—V_{CC};7—调频 1;8—调频 2;9—方波输出;10—外接电容;11—V_{EE}/GND;12—正弦波调节 2;13、14—NC。

采用 ICL8038 组成的函数信号发生器,其电路结构如图 8-12 所示。此电路可以输出正弦波(2 脚)、三角波(3 脚)和方波(9 脚)。S1、S2、S3 为频率粗调,通过 S1、S2、S3 切换 3 个电容,改变频率倍率。调节电位器 R_{P2},可以改变方波的占空比、锯齿波的上升时间和下降时间;调节电位器 R_{P1},可以改变输出信号的频率;调整 R_{P3} 和 R_{P4},可以改变正弦波的失真度。

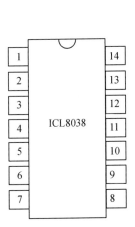

图 8-11 ICL8038 外形

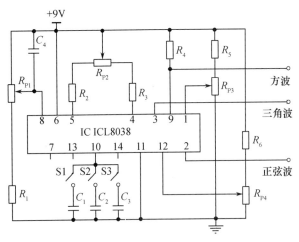

图 8-12 ICL8038 组成的函数信号发生器

【实训器材】

(1) 完成本次实训所需元器件清单见表 8-8。

表 8-8 元器件清单

名称	规格(型号)	数量	名称	规格(型号)	数量
集成电路	ICL8038	1	电容器 C_2	103	1
电阻器 R_1	20kΩ	1	电容器 C_3	221	1
电阻器 R_2	4.7kΩ	1	电容器 C_4	0.1μF	1
电阻器 R_3	4.7kΩ	1	电位器 R_{P1}	10kΩ	1
电阻器 R_4	4.7kΩ	1	电位器 R_{P2}	1kΩ	1
电阻器 R_5	10kΩ	1	电位器 R_{P3}	10kΩ	1
电阻器 R_6	10kΩ	1	电位器 R_{P4}	100kΩ	1
电容器 C_1	105	1	波段开关 S	RS17	1

(2) 直流稳压电源 1 台、示波器 1 台、万用表 1 台、电烙铁 1 把、断线钳 1 把、镊子 1 把、焊锡若干、松香若干。

(3) 制作 PCB 的系列仪器设备和材料:计算机、激光打印机、热转印机、钻孔机、腐蚀箱、热转印纸、腐蚀液、去污粉、钻头、覆铜板等。

【实训步骤】

(1) 印制电路板 PCB 的制作

① 用制图软件 Altium Designer(或 Protel 99SE)画电路原理图,并进行仿真调试。

② 设计 PCB 图。信号线的宽度一般选 20mil,边框线的宽度一般选 10mil,电源线、地线

的宽度一般选 40～60mil。

③ 打印：打印正常底层 PCB 图。
④ 打印：打印镜像编辑后元器件面丝网层 PCB 图。
⑤ 热转印：将底层 PCB 图热转印到覆铜板的覆铜面。
⑥ 腐蚀：将覆铜板放到蚀刻箱腐蚀（约 10～15 分钟）。
⑦ 清洗：用去污粉将覆铜板上的黑色油墨清洗干净。
⑧ 钻孔：用钻孔机在焊盘处钻孔。
⑨ 热转印：将镜像编辑后元器件面丝网层的 PCB 图热转印到覆铜板的非覆铜面。

（2）PCB 的装配与焊接

把电子元器件插装到 PCB 的相应位置上并完成焊接。

（3）测试内容

① 用示波器分别观察 3 种波形，测量输出电压的幅度。
② 调节 R_{P1} 测量各种波形的输出频率变化范围；用示波器两两比较 3 种波形的频率。
③ 将波段开关置于不同的挡位，调整并记录不同挡位频率的变化情况。

8.4 集成功率放大器

【实训目的】
（1）了解集成功率放大器的应用。
（2）学习集成功率放大器的静态、动态测试。

【原理简介】

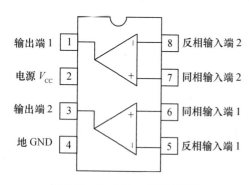

图 8-13 TDA2822 外形及引脚

随着集成技术的发展，集成功率放大器产品越来越多。由于集成功率放大器成本不高、使用方便，因而被广泛应用在收音机、录音机、电视机及直流伺服系统中的功率放大部分。下面以集成功率放大器 TDA2822 为例介绍其性能特点。TDA2822 是意法半导体（ST）公司开发的双通道单片功率放大集成电路，通常在袖珍盒式收音机、多媒体有源音箱中作音频放大器，具有电路简单、音质好、电压范围宽等特点。

TDA2822 的外形及引脚如图 8-13 所示。

（1）TDA2822 构成的双声道（OTL）电路

由 TD2822 构成的双声道（OTL）电路如图 8-14 所示。电路采用同相输入方式，两声道各自独立，电阻 R_1、R_2 分别连接 TDA2822 内部差动放大器 PNP 管的基极，建立静态电流通路。C_1、C_2 外接电解电容（隔直通交），给取样电阻到地之间提供交流通路。输出耦合电容 C_4、C_5 取值为 220～470μF，负载两端并联 RC 保护电路。

（2）TDA2822 构成的单声道（BTL）电路

由 TDA2822 构成的单声道（BTL）电路如图 8-15 所示。电路也是采用同相输入方式，与 OTL 电路不同之处在于第一输入通道反相端通过外接电容 C_1 连到另一通道的反相输入端。由于同相放大器属于深度负反馈，满足"虚短"条件，因此 $u_+ \approx u_-$；u 通过内部取样电阻和外接电容 C_1 耦合到第二通道。第二通道为反相电压放大器，因此两个功率放大器输出信号反相，负载上将得到原来单端输出的 2 倍电压。

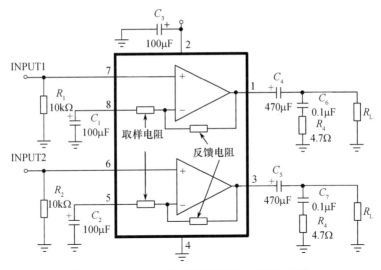

图 8-14　TDA2822 构成的双声道（OTL）电路

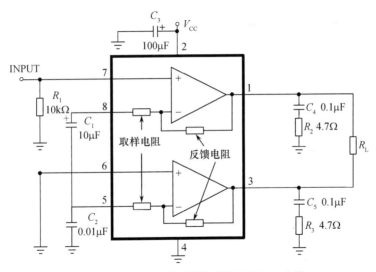

图 8-15　TDA2822 构成的单声道（BTL）电路

【实训器材】

（1）完成本次实训所需元器件清单见表 8-9。

（2）直流稳压电源 1 台、示波器 1 台、信号发生器 1 台、万用表 1 台、电烙铁 1 把、断线钳 1 把、镊子 1 把、焊锡若干、松香若干。

表 8-9　元器件清单

名称	规格（型号）	数量	名称	规格（型号）	数量
集成电路	TDA2822	2	电解电容器	100μF	4
电阻器	10kΩ	3	电解电容器	10μF	1
电阻器	4.7Ω	4	负载电阻 R_L	6Ω	2
电容器	0.01μF	1	万能板	9cm×15cm	1
电容器	0.1μF	4	电解电容器	470μF	2

【测试内容】

在万能板上完成电路的装配。

（1）TDA2822 构成的双声道（OTL）电路测试

① 静态测试：输入电源电压为 5V，空载时测试 TDA2822 各引脚电压，记入表 8-10。

表 8-10　TDA2822 各引脚静态电压

引脚编号	1	2	3	4	5	6	7	8
电压值/V								

② 动态测试：由 INPUT1（或 INPUT2）先后输入 1kHz、20kHz 正弦波信号，用示波器测量 1 脚（或 3 脚）电压波形。调节信号发生器的"幅度"旋钮，观察输出波形刚好不失真时的输入、输出电压波形，测量输入、输出电压幅度，记入表 8-11。

表 8-11　输入、输出波形数据

	输入 U_i/mV	输出 U_o/V	$A_u = U_o/U_i$	$P_{omax} = \dfrac{U_o^2}{R_L}$
1kHz				
20kHz				

（2）TDA2822 构成的单声道（BTL）电路的动态测试

由 INPUT 输入 1kHz、20kHz 正弦波信号，用示波器测量 1 脚和 3 脚电压波形。调节正弦波幅度，观察输出波形刚好不失真时两引脚的波形。用示波器观察低频、高频时输入、输出波形的相位关系，并测量输入、输出的电压幅值，记入表 8-12。

表 8-12　输入、输出波形数据

	输入 U_i/mV	输出 U_o/V	$A_u = U_o/U_i$	$P_{omax} = \dfrac{U_o^2}{R_L}$
1kHz				
20kHz				

8.5　电子调光灯电路的安装制作

【实训目的】

（1）学习单结管和晶闸管的简易测试方法。

（2）了解单结管触发电路（阻容移相桥触发电路）的工作原理及调试方法。

（3）熟悉用单结管触发电路控制晶闸管导通角的方法。

【原理简介】

电子调光灯电路如图 8-16 所示，主要由三大部分组成：整流电路、主电路和触发电路。

（1）整流电路

由 4 个整流二极管 VD1～VD4 组成桥式整流电路，220V 正弦交流电经变压器得到 12V 正弦交流电，12V 正弦交流电经桥式整流电路变换成为脉动直流电。

（2）主电路

主电路由灯泡 L 和晶闸管 V1 串联组成。晶闸管的阳极和阴极之间可看作受控制极控制的开关，当控制极没有触发电压时，阳极和阴极之间可看作断开的开关，主电路 AO 之间是不通的，因此灯泡 L 不发光；当控制极加上触发脉冲时，阳极和阴极之间可看作是闭合的开关，则阳极和阴极之间成为电流的通路，即晶闸管处于导通状态，主电路 AO 接通，灯泡 L 发光。

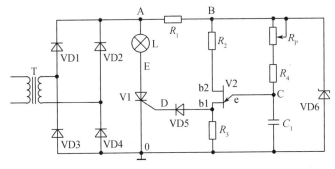

图 8-16 电子调光灯电路图

（3）触发电路

触发电路是由单结管 V2、电容 C_1、电阻 R_2、电阻 R_3、电阻 R_4 和电位器 R_P 组成的触发脉冲电路。电源由桥式整流输出，经稳压管（VD6）电路削波后得到梯形波电压，梯形波电压经 R_P、R_4 对电容 C_1 充电，当 C_1 两端电压上升到单结管的峰值电压时，单结管由截止变为导通，此时，电容 C_1 就通过 e、b1、R_3 迅速放电，放电电流在电阻 R_3 上产生一个尖顶脉冲。随着电容的放电，当电容两端电压降至单结管的谷点电压时，单结管重新截止，电容又重新开始充电，重复上述过程。在一个梯形波电压周期内，在电阻 R_3 两端就输出一组尖顶脉冲，这一组尖顶脉冲经二极管 VD5 送到晶闸管的控制极，使晶闸管触发导通。改变电位器 R_P 的大小，可以改变电容 C_1 的充电速度，也就改变了第一个脉冲出现的时刻，即能够调整晶闸管的控制角 α，晶闸管的导通角 $\theta=180°-\alpha$，电位器 R_P 的阻值大则导通角大，主电路的导通时间长，灯泡发光强度就越强。

【实训器材】

（1）完成本次实训所需元器件清单见表 8-12。
（2）示波器 1 台、万用表 1 台、电烙铁 1 把、断线钳 1 把、镊子 1 把、焊锡若干、松香若干。

表 8-12 元器件清单

名称	规格（型号）	数量	名称	规格（型号）	数量
二极管 VD1~VD4	1N4007	4	电阻器 R_4	2kΩ	1
晶闸管 V1	3CT3A	1	电位器 R_P	100kΩ	1
单结管 V2	BT33	1	二极管 VD5	1N60	1
电容器 C_1	0.1μF	1	稳压管 VD6	1N5235	1
电阻器 R_1	150Ω	1	灯泡 L	12V/0.1A	1
电阻器 R_2	240Ω	1	万能板	6cm×8cm	1
电阻器 R_3	510Ω	1	变压器 T	3W，AC220V/9V	

【测试内容】

在万能板上根据图 8-16 完成电路的装配。

（1）单结管触发电路

① 断开主电路（把灯泡取下）。接通工频电源，用示波器依次观察并记录交流电压 u_2、整流输出电压 u_A（A-O）、削波电压 u_B（B-O）、锯齿波电压 u_C（C-O）、触发输出电压 u_D（D-O）。记录波形时，注意各波形间的对应关系，并标出电压幅度及时间，记入表 8-13 中。

② 改变电位器 R_P 的阻值，观察 u_C（C-O）及 u_D（D-O）波形的变化及 u_D 的移相范围，记入表 8-13 中。

表 8-13 单结管触发电路

u_2	u_A	u_B	u_C	u_D	移相范围

(2) 可控整流电路

断开工频电源接入负载灯泡 L，再接通工频电源，调节电位器 R_P，使灯泡由暗到中等亮，再到最亮，用示波器观察晶闸管两端电压 u_E（E-O）、负载两端电压 u_L（A-E）的波形并记入表 8-14，测量负载直流电压 U_L 及工频电源电压 u_2 的有效值 U_2，记入表 8-14 中。

表 8-14 可控整流电路

	暗	中等亮	最亮
u_E（E-O）			
u_L（A-E）			
导通角 θ			
U_L/V			
U_2/V			

第 9 章　电子产品组装

9.1　电路图的识读

9.1.1　电路图的基础知识

电路图是用图形符号表示电子元器件、用连线表示导线所构成的电路原理图。电路图主要包括电路原理图（简称电原理图）、印制线路图（也称装配图）、方框图。通过电路图，能帮助我们了解电路关键点的电位及元器件的型号、参数等，识别电子产品的基本结构和理解其工作原理。

1. 电路原理图

电路原理图用于说明电子产品中各元器件之间、各单元电路之间的相互关系和工作原理。在电路原理图中，组成电路的所有元器件都是以图形符号表示的。

2. 印制线路图

印制线路图是表明各元器件在印制电路板上所在的具体位置图，在电子产品组装、调试、检测时使用。

3. 方框图

方框图用于表示电子产品的大致结构，主要包括哪几个部分，以及它们在电子产品中所起的基本作用和顺序。每一部分用一个方框表示，各方框之间用线连接起来，表示出各单元电路之间的相互关系和位置。

方框图分为：整机电路方框图、集成内部电路的方框图、系统电路方框图。

9.1.2　识读电路图的方法和步骤

1. 识读电路原理图的方法

① 熟悉并牢记电子元器件的电路图形符号。
② 了解电路的基本组成。
③ 弄清电路中各单元电路之间的关系，即电路的输入端与输出端。

2. 识读电路原理图的步骤

① 了解电路原理图的用途，以了解其主要功能及其大概的组成，这将有助于帮助分析电路的信号流程。
② 了解所读电路各基本单元电路的作用，包括基本放大电路、正弦波振荡电路、功率放大电路、整流电路、直流电源电路等。
③ 以信号的流向为线索，逐步对电路进行分析。分析各单元电路的输入端与输出端的信号流向和信号变化情况，以了解整机电路的有机联系。
④ 分析整机电路直流工作电压的供给情况。一般情况下，电子产品的电源为直流电，因此有正、负极之分。分析电路时，以"公共端即零电位端"为基点来分析其他点的电压大小。

3. 识读印制线路图

① 先找到醒目的元器件。因为印制线路图的走线无规律，焊盘的形状有大有小，各有差异，

这样就给寻找某一个元器件的具体位置带来不便,为此比较醒目的元器件就成为寻找其他元器件的参考点。

醒目的元器件有晶体管、集成电路、可调电阻、变压器等。

② 电路原理图与印制线路图相互对照。先在电路原理图中找到所需测试的元器件的编号,然后再根据此编号的元器件寻找周围有何醒目的元器件,这样在印制线路图中就比较容易找到所需测量的元器件了。

③ 弄清印制线路图中单元电路的划分。

④ 沿着通有直流电流的印制导线寻找元器件。

9.2 调试与检测

9.2.1 调试与检测仪器

调试与检测仪器指的是传统电子测量仪器。电子测量仪器总体可分为专用仪器和通用仪器两大类。专用仪器为一个或几个产品而设计,可检测该产品的一项或多项参数,如电视信号发生器、电冰箱性能测试仪等。通用仪器为一项或多项电参数的测试而设计,可检测多种产品的电参数,如示波器、函数发生器等。

1. 通用仪器按显示特性分类

① 数字式:将被测试的连续变化模拟量通过一定的变换,转换成数字量,通过数显装置进行显示。数字显示具有读数方便、分辨率高、精确度高等特点,已成为现代测试仪器的主流。

② 模拟式:将被测试的电参数转换为机械位移,通过指针和标尺刻度指示出测量数值。理论上模拟式检测仪器指示的是连续量,但由于标尺刻度有限,因而实际分辨率不高。

③ 屏幕显示式:屏幕显示通过示波管、显示器等将信号波形或电参数的变化直观地显示出来,如各种示波器、图示仪、扫频仪等。

2. 通用仪器按功能分类

① 信号产生器:用于产生各种测试信号,如音频、高频、脉冲、函数、扫频等信号。

② 电压表及万用表:用于测量电压及派生量,如模拟电压表、数字电压表、各种万用表、毫伏表等。

③ 信号分析仪器:用于观测、分析、记录各种信号,如示波器、波形分析仪、逻辑分析仪等。

④ 频率—时间—相位测量仪器:如频率计、相位计等。

⑤ 元器件测试仪:如 RLC 测试仪、晶体管测试仪、Q 表、晶体管图示仪、集成电路测试仪等。

⑥ 电路特性测试仪:如扫频仪、阻抗测量仪、网络分析仪、失真度测试仪等。

⑦ 其他仪器:即用于和上述仪器配合使用的辅助仪器,如各种放大器、衰减器、滤波器等。

此外,虚拟仪器作为调试与检测仪器也正在被广泛应用。所谓虚拟仪器,实际上就是将计算机技术应用于电子测试领域,利用计算机的数据存储和快速处理能力,实现普通仪器难以达到的功能。虚拟仪器通过计算机的显示器及键盘、鼠标实现面板操作及显示功能,对被测信号的输入采集及转换功能由专门的数据采集转换卡实现,其核心部分是专用软件。目前常用的虚拟仪器有数字示波器、任意波形发生器、频率计数器、逻辑分析仪等。

虚拟仪器的特点:计算机总线与仪器总线的应用,允许各模块之间高速通信,种类齐全,且没有仪器和数据采集的界限；标准化、小型化、低功耗、高可靠性的系列模块可按工作需要任意组合扩充，实现最优化组合；先进的计算机软硬件技术、网络技术和通信技术使虚拟仪器具有良好的开发环境和开放式结构；当组成测试系统时，虚拟仪器具有较高的性价比。

9.2.2 仪器选择与配置

1．选择原则

① 仪器的测量范围和灵敏度应覆盖被测量的数值范围。
② 测量仪器的工作误差应远小于被测参数的误差。
③ 仪器输出功率应大于被测电路的最大功率，一般应大一倍以上。
④ 仪器输入、输出阻抗要符合被测电路的要求。

以上几条基本原则，在实际使用时可根据现有资源和产品要求灵活应用。

2．配置方案

调试与检测仪器的配置要根据工作性质和产品要求确定，具体有以下几种选配方法。

（1）一般从事电子技术工作的最低配置

① 万用表，最好有指针式万用表及数字万用表各一台，因为数字万用表有时出现故障不易察觉，比较而言，指针式万用表可信度较高。

三位半数字万用表即可满足大多数应用，位数越多，精度和分辨率越高，但价格也高。

② 信号发生器，根据工作性质选择频率及档次，普通1Hz～1MHz低频函数信号发生器可满足一般测试需要。

③ 示波器，示波器价格较高且属耐用测试仪器，普通20Hz～40MHz的双踪示波器可完成一般测试工作。

④ 可调稳压电源，至少双路0～24V或0～32V可调，电流1～3A，稳压稳流可自动转换。

（2）标准配置

除上述4种基本仪器外，再加上频率计数器和晶体管特性图示仪，即可以完成大部分电子产品的测试工作。如果再有一两台针对具体工作领域的仪器（如失真度仪和扫频仪等），就可以完成主要的调试检测工作。

（3）产品项目调试检测仪器

对于特定的产品，又可分为两种情况。

① 小批量多品种。一般以通用或专用仪器组合，再加上少量自制接口、辅助电路构成。这种组合适用面广，但效率不高。

② 大批量生产。应以专用和自制设备为主，强调高效和操作简单。

9.2.3 仪器的使用

电子测量仪器不同于家用电器，对使用者要求具备一定的电子技术专业知识，才能使仪器正常使用并发挥应有的功效。

1．正确选择仪器功能

这里的"选择"不是指一般使用电子仪器时首先要求正确选择功能和量程，而是针对测量要求对仪器的正确选择。这一点对保证测量顺利、正确进行非常重要，但实际工作中却往往被忽视。

用示波器观测脉冲波形是一个典型例子。一般示波器都带有1∶1和10∶1两个探头，或在1个探头上有两种转换。用哪一种探头更能真实地再现脉冲波形，很多人不假思索地认为是 1∶1

的探头。其实不然，由于示波器的输入电路不可避免地有一定的输入电容（见图9-1（a）），在输入信号频率较高（如1MHz以上）时，观测到的波形会发生畸变（见图9-1（c））。而10：1的探头由于探极中有衰减电阻R_1和补偿电容C_1（见图9-1（b）），调节C_1，可使$R_1C_1=R_iC_i$，从理论上讲此时的输入电容C_i不存在对信号的作用，因而能够真实再现输入脉冲信号（见图9-1（c））。

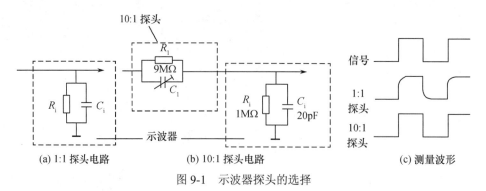

图 9-1　示波器探头的选择

再如，有的频率计数器附带一个滤波器，当测量某个频段的信号时，必须加上滤波器，结果才是正确的。

2．合理接线

对测量仪器的接线，一个最基本而又重要的要求是：顺着信号传输方向，接线力求最短。如图9-2所示。

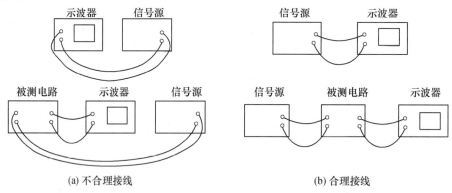

图 9-2　仪器的合理接线

3．保证精度

保证测量精度最简单有效的方法是对有自校正装置的仪器（如一部分频率计和大部分示波器），每次使用时都进行一次自校正。对没有自校正装置的仪器，可以利用精度足够高的标准仪器校准精度较低的仪器，如用$4\frac{1}{2}$数字多用表校准常用的指针表或$3\frac{1}{2}$数字表。

另一个简单而又可靠的方法是当仪器新购进时，选择有代表性的、性能稳定的元器件进行测量，将其作为"标准"记录存档，以后定期用此"标准"复查仪器。这种方法的前提是新购仪器是按国家标准出厂的。不言而喻，最根本的方法还是要按产品要求定期到国家标准计量部门进行校准。

4．谨防干扰

检测仪器使用不当会引入干扰，轻则使测试结果不理想，重则使测试结果与实际相比面目全非或无法进行测量。引起干扰的原因多种多样，克服干扰的方法也各有千秋。以下几种方法是最基本的并经实践证明是最有效的方法。

（1）接地

接地连线要短而粗；接地点要可靠连接，以降低接触电阻；多台测量仪器要考虑一点接地（见图 9-3）；测试引线的屏蔽层一端要接地。

（2）导线分离

输入信号线与输出线分离；电源线（尤其 220V 电源线）远离输入信号线；信号线之间不要平行放置；信号线不要盘成闭合形状。

（3）避免弱信号传输

从信号源经电缆引出的信号尽可能不要太弱，可采用测试电路衰减方式（见图 9-4）。在不得已传输弱信号的情况下，要求传输线要粗、短、直，最好有屏蔽层（屏蔽层不得用作导线），且一端接地。

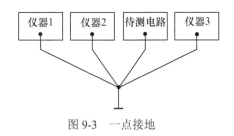

图 9-3　一点接地

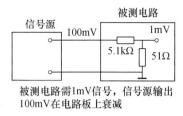

图 9-4　防止传输干扰

9.2.4　调试与检测安全

在调试与检测过程中，要接触各种电路和仪器设备，特别是各种电源及高压电路、高压大容量电容器等。为保护检测人员安全，防止测试设备和检测线路的损坏，除严格遵守一般安全规程外，还必须遵守调试和检测工作中制定的安全措施。

1. 供电安全

大部分故障检测过程中都必须加电，所有调试检测过的设备仪器，最终都要加电检验。抓好供电安全，就抓住了安全的关键。

① 调试检测场所应有漏电保护开关和过载保护装置，电源开关、电源线及插头插座必须符合安全用电要求，任何带电导体不得裸露。检测场所的总电源开关，应放在明显且易于操作的位置，并设置相应的指示灯。

② 注意交流调压器的接法。检测中往往使用交流调压器进行加载和调整试验，由于普通调压器输入端与输出端不隔离，因此必须正确区分相线与零线的接法。如图 9-5 所示，使用两线插头容易接错线，使用三线插头则不会接错。

③ 在调试检测场所最好装备隔离变压器，一方面可以保证检测人员操作安全，另一方面防止检测设备故障与电网之间相互影响。隔离变压器之后，再接调压器，这样做无论如何接线均可保证安全（见图 9-6）。

2. 测量仪器安全

① 所用测试仪器要定期检查，仪器外壳及可接触部分不应带电。凡金属外壳仪器，必须使用三相插头座，并保证外壳良好接地。电源线一般不超过 2m，并具有双重绝缘。

② 测试仪器通电时，若熔断器烧断，应更换同规格熔断器后再通电，若第二次再烧断，则必须停机检查，不得更换大容量熔断器。

③ 带有风扇的仪器如果通电后风扇不转或有故障，则应停机检查。

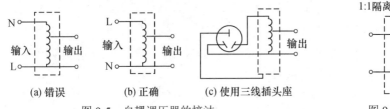 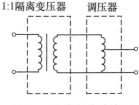

图 9-5 自耦调压器的接法　　　　　图 9-6 安全的交流电源

④ 功耗较大的仪器（大于 500W）断电后应冷却一段时间再通电（一般 3~10 分钟，功耗越大，时间越长），避免烧断熔断器或仪器零件。

3．操作安全

① 操作环境保持整洁，检测大型高压线路时，工作场地应铺绝缘胶垫，工作人员应穿绝缘鞋。

② 高压或大型线路通电检测时，应由两人以上进行，如果发现冒烟、打火、放电等异常现象，则应立即断电检查。

③ 不通电不等于不带电。对大容量高压电容器，只有进行放电操作后才可以认为不带电。

④ 断开电源开关不等于断开电源。如图 9-7 所示，虽然开关处于断开位置，但相关部分仍然带电，只有拔下电源插头才可认为是真正断开电源。

⑤ 电气设备和材料安全工作的寿命有限。无论最简单的电气材料，如导线、插头、插座，还是复杂的电子仪器，由于材料本身老化变质及自然腐蚀等因素，安全工作的寿命是有限的，决不可无限制使用。各种电气材料、零部件、设备、仪器安全工作的寿命不等，但一般情况下，10 年以上的零部件和设备就应该考虑检测更换，特别是与安全关系密切的部位。

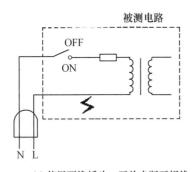 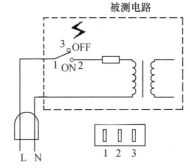

图 9-7 电气调试检测安全示意图

9.2.5 调试技术

1．调试概述

调试技术包括调整和测试两部分。

调整主要是针对电路参数而言的，即对整机内电感线圈的可调磁芯、可变电阻器、电位器、微调电容器等可调元器件以及与电气指标有关的调谐系统、机械传动部分等进行调整，使之达到预定的性能指标和功能要求。

测试是用规定精度的测量仪表对单元电路板和整机的各项技术指标进行测试，以此判断被测各项技术指标是否符合规定的要求。

调试工作的主要内容有以下几点：

① 正确合理地选择和使用测试所需的仪器仪表；

② 严格按照调试工艺指导卡的规定，对单元电路板或整机进行调整和测试，完成后按照规

定的方法紧固调整部位；

③ 排除调整中出现的故障，并做好记录；

④ 认真对调试数据进行分析、反馈和处理，并撰写调试工作总结，提出改进措施。

对于简单的小型电子产品，如稳压电源、半导体收音机、单放机等，调试工作简便，一旦装配完成后，可以直接进行整机调试；而结构复杂、性能指标要求高的整机，调试工作先分散后集中，即通常可先对单元电路板进行调试，达到要求后，再进行总装，最后进行整机调试。

对于大量生产的电子整机产品，如彩色电视机、手机等，调试工作一般在流水作业装配线上按照调试工艺卡的规定进行调试。比较复杂的大型设备，根据设计要求，可在生产厂家进行部分调试工作或粗调，然后在总装场地或实验基地按照技术文件的要求进行最后安装及全面调试。

2. 调试工艺过程

电子产品调试包括3个工作阶段：研制阶段调试，调试工艺方案制定，整机调试。其中，研制阶段调试除对电路设计方案进行实验和调整外，还为后面阶段的调试提供确切的标准数据。根据研制阶段调试步骤、方法、过程，找出重点和难点，才能设计出合理、科学、高质、高效的调试工艺方案，有利于后面阶段的调试。

（1）研制阶段调试

在研制阶段，由于参考数据很少，电路不成熟，因此需要调整的元器件较多，会给调试带来一定困难。在调试过程中，还要确定哪些元器件需要更改参数、哪些元器件需要用可调元器件来代替，并且要确定调试的具体内容、步骤、方法、测试点及使用的仪器等。

1）通电前的检查工作

准备好测量仪器和测试设备，检查是否处于良好的工作状态，是否有定期标定的合格证。检查测量仪器和测试设备的功能选择开关、量程挡位是否处于正确的位置，尤其要注意测量仪器和测试设备的精度是否符合技术文件规定的要求，能否满足测试精度的需要。检查被调试电路是否按电路设计要求正确安装连接，有无虚焊、脱焊、漏焊等现象，对被调试电路的检查具体分为以下几点。

① 连线是否正确：检查电路连线是否正确，包括错线、少线和多线。查线的方法通常有两种。

i. 按照电路图检查安装的线路：这种方法的特点是，根据电路图连线，按一定顺序逐一检查安装好的线路，由此可比较容易查出错线和少线。

ii. 按照实际线路对照原理图进行查线：这是一种以元器件为中心进行查线的方法。把每个元器件引脚的连线一次查清，检查每个引脚的去处在电路图上是否存在，这种方法不但可以查出错线和少线，还容易查出多线。为了防止出错，对于已查过的线通常应在电路图上做上标记，最好用指针式万用表的 $R\times 1$ 挡，或数字万用表"⇥"挡的蜂鸣器来测量，而且直接测量元器件引脚，这样可以同时发现接触不良的地方。

② 元器件安装情况：检查元器件引脚之间有无短路，连接处有无接触不良，二极管、三极管、集成电路和电解电容极性等是否连接有误。

③ 直流电源极性是否正确、信号源连线是否正确。

④ 电源端对地是否存在短路：在通电前，断开一根电源线，用万用表检查电源端对地是否存在短路。

2）通电检查

先把电源开关置于"关"位置，检查电源变换开关是否符合要求（是交流220V还是110V）、熔丝是否装入、输入电压是否正确，然后插上电源开关插头，打开电源开关通电。

接通电源后，电源指示灯亮，此时应注意有无放电、打火、冒烟现象，有无异常气味，手摸电源变压器、集成电路等有无过热现象。若有这些异常现象，应立即停电检查，直到排除故障后方能重新通电。另外，还应检查各种熔断器、开关、控制系统是否起作用，各种风冷系统能否正常工作。

3）电源调试

电子产品中大都具有电源电路，调试工作首先要进行电源部分的调试，才能顺利进行其他项目的调试。电源调试通常分为两个步骤。

① 电源空载调试：电源电路的调试，通常先在空载状态下进行，切断该电源的一切负载进行初调。空载调试的目的是避免因电源电路未经调试而加载，引起部分元器件的损坏。接通电源电路板的电源，测量有无稳定的直流电压输出，其值是否符合设计要求或调节取样电位器使其值达到额定值。测试检测点的直流工作点和电压波形，检查工作状态是否正常，有无自激振荡等。

② 电源加负载时的调试：在初调正常的情况下，加上额定负载，再测量各项性能指标，观察是否符合设计要求。当达到要求的最佳值时，锁定有关调整元件（如电位器等），使电源电路具有加负载时所需的最佳功能状态。

4）单元电路测试与调整

测试是指在安装后对电路的参数及工作状态进行测量。调整是指在测试的基础上对电路的参数进行修正，使之满足设计要求。单元电路的调试程序一般是按信号的流向进行的，这样可以把前面调试过的输出信号作为后一级的输入信号，为最后整机调试创造条件。

① 静态调试

晶体管、集成电路等有源器件都必须在一定的静态工作点上工作，才能表现出更好的动态特性，所以在动态调试和整机调试之前必须要对各功能电路的静态工作点进行测试与调整，使其符合原设计要求，这样才可以大大降低动态调试与整机调试时的故障率，提高调试效率。

ⅰ．供电电源静态电压测试

电源电压是各级电路静态工作点是否正常的前提。若电源电压偏高或偏低，都不能测量出准确的静态工作点。电源电压若有较大起伏，最好先不要接入电路，测量其空载和接入假负载时的电压，待电源、电压输出正常后再接入电路。

ⅱ．测试单元电路静态工作总电流

通过测量分块电路的静态工作电流，可以及早知道单元电路的工作状态。若电流偏大，则说明电路有短路或漏电；若电流偏小，则电路供电有可能出现开路。只有及早测量该电流，才能减少元器件损坏。此时的电流只能作为参考，单元电路各静态工作点调试完后，还要再测量一次。

ⅲ．三极管静态电压、电流测试

首先要测量三极管 3 个极的对地电压，即 U_B、U_C、U_E，来判断三极管是否在规定的状态（放大、饱和、截止）内工作。例如，测出 $U_B=0.68V$，$U_C=0V$，$U_E=0V$，则说明三极管处于饱和导通状态，看该状态是否与设计相同；若不相同，则要细心分析这些数据，并对基极偏置进行适当的调整。

其次测量三极管集电极的静态电流，测量方法有两种：

● 直接测量法，即把集电极焊接铜皮断开，然后串入万用表，用电流挡测量其电流；

● 间接测量法，即通过测量三极管集电极电阻或发射极电阻的电压，然后根据欧姆定律 $I=U/R$，计算出集电极的静态电流。

ⅳ．集成电路静态工作点的测试

● 集成电路各引脚静态对地电压的测量

集成电路内的晶体管、电阻、电容都封装在一起，无法进行调整。一般情况下，集成电路各引脚对地的电压基本上反映了其内部工作状态是否正常。在排除外围元器件损坏（或插错元器件、短路）的情况下，只要将所测得的电压与正常电压进行比较，即可作出正确判断。

● 集成电路静态工作电流的测量

有时集成电路虽然正常工作，但发热严重，说明其功耗偏大，是静态工作电流不正常的表现，所以要测量其静态工作电流。测量时可断开集成电路供电引脚铜皮，串入万用表，使用电流挡来测量。若是双电源供电（即正、负电源），则必须分别测量。

● 数字电路静态逻辑电平的测量

一般情况下，数字电路只有两种电平，以 TTL 与非门电路为例，0.8V 以下为低电平，1.8V 以上为高电平。电压在 0.8～1.8V 之间电路状态是不稳定的，所以该电压范围是不允许的。不同数字电路高、低电平界限有所不同，但相差不大。

在测量数字电路的静态逻辑电平时，先在输入端加入高电平或低电平，然后再测量各输出端的电压是高电平还是低电平，并做好记录。测量完毕后分析其状态电平，判断是否符合该数字电路的逻辑关系。若不符合，则要对电路引线做一次详细检查，或者更换该集成电路。

v. 静态调整

进行静态测试时，可能需要对某些元器件的参数予以调整。调整方法一般有两种。

● 选择法

通过替换元器件来选择合适的电路参数（性能或技术指标）。在电路原理图上，元器件的参数旁边通常标注有"*"号，表示需要在调整中才能准确地选定。因为反复替换元器件很不方便，所以一般总是先接入可调元器件，待调整确定了合适的元器件参数后，再换上与选定参数值相同的固定元器件。

● 调节可调元器件法

在电路中已经装有可调元器件，如电位器、微调电容或微调电感等。其优点是调节方便，而且电路工作一段时间后，如果状态发生变化，也可以随时调整。但可调元器件的可靠性差，体积也比固定元器件大。

② 动态调试

动态测试与调整是保证电路各项参数、性能、指标的重要步骤。其测试与调整的项目内容包括动态工作电压、波形的形状及其幅值和频率、动态输出功率、相位关系、频带、放大倍数、动态范围等。对于数字电路来说，只要元器件选择合适，直流工作点正常，逻辑关系就不会有太大问题，一般测试电平的转换和工作速度即可。

i. 测试电路动态工作电压

测试内容包括三极管 B、C、E 极和集成电路各引脚对地的动态工作电压。动态工作电压与静态电压同样是判断电路是否正常工作的重要依据。例如有些振荡电路，当电路起振时测量 U_{be} 直流电压，万用表指针会出现反偏现象，利用这一点就可以判断振荡电路是否起振。

ii. 波形的观察与测试

波形的测试与调整是电子产品调试工作的一项重要内容。各种整机电路中都有波形产生、变换和传输的电路，通过对波形的观测来判断电路工作是否正常，已成为测试与维修中的主要方法。观察波形使用的仪器是示波器。通常观测的波形是电压波形，有时为了观察电流波形，可通过测量其限流电阻的电压，再转成电流的方法来测量或使用电流探头。

利用示波器进行调试的基本方法是，通过观测各级电路的输入端和输出端或某些点的信号波形，来确定各级电路工作是否正常。若电路对信号变换处理不符合技术要求，则要通过调整电路元器件的参数,使其达到预定的技术要求。

这里需要注意的是,电路在调整过程中,相互之间是有影响的。例如在调整静态电流时,中点电位可能会发生变化,这就需要反复调整,以求达到最佳状态。

示波器不仅可以观察各种波形,而且可以测试波形的各项参数,如幅度、周期、频率、相位、脉冲信号的前后沿时间、脉冲宽度以及调幅信号的调制等。

用示波器观测波形时,示波器的上限频率应高于测试波形的频率。对于脉冲波形,示波器的上升时间还必须满足要求。

iii. 频率特性的测试与调整

频率特性的测试是整机测试中的一项主要内容,如收音机中频放大器频率特性测试的结果反映收音机选择性的好坏。电视机接收图像质量的好坏主要取决于高频调谐器及中放通道的频率特性。所谓频率特性是指一个电路对于不同频率、相同幅度的输入信号(通常是电压)在输出端产生的响应。测试电路频率特性的方法一般有两种:点频法和扫频法。

● 点频法

就是通过逐点测量一系列规定频率点上的网络增益(或衰减)来确定幅频特性曲线的方法。测试时保持输入电压不变,逐点改变正弦信号发生器的频率,并记录各点对应输出的数值。点频法的优点是准确度高,缺点是烦琐费时,而且可能因频率间隔不够密,会漏掉被测频率中的某些细节。

● 扫频法

利用一个扫频信号发生器取代点频法中的正弦信号发生器,用示波器取代点频法中的电压表。扫频法简单、速度快,可以实现频率特性测量的自动化。由于扫频信号的频率变化是连续的,不会像点频法由于测量的频率点不够密而遗漏某些被测特性的细节,反映的是被测网络的动态特性,但测量的准确度比点频法低。

5) 对产品进行老化和环境试验

为了保证电子产品的设计质量,在调试完成后要进行通电老化实验,通常在室温下选择 8h、24h、48h、72h 或 168h 的连续老化时间。环境试验一般是根据电子产品的工作环境而确定具体的试验内容,并且按照国家规定的方法来试验,一般包括温度试验、湿度试验、振动和冲击试验、运输试验、跌落试验等。

(2) 调试工艺方案制定

调试工艺方案是指一整套适用于调试某产品的具体内容与项目(如工作特性、测试点、电路参数等)、步骤方法、测试条件与测量仪表、有关注意事项与安全操作规程。同时,还包括调试的工时定额、数据资料的记录表格、签署格式与送交手续等。

调试工艺方案编制得是否合理,直接影响到电子产品调试工作效率的高低和质量的好坏。因此,事先制定一套完整的、合理的、经济的、切实可行的调试方案是非常必要的。不同的电子产品有不同的调试方案,但总的编制原则是基本相同的。

① 根据产品的规格、等级、使用范围和环境,确定调试的项目及主要性能指标。

② 在全面理解该产品的工作原理及性能指标的基础上,确定调试的重点、具体方法和步骤。调试方法要简单、经济、可行和便于操作,调试内容具体、切实可行,测试条件仔细、清晰,测量仪器和工艺装备选择合理,测试数据尽量表格化,以便从数据结果中寻找规律。

③ 调试中要充分考虑各个元器件之间、电路前后级之间、部件之间等的相互牵连和影响。

④ 对于大批量生产的电子产品,调试时要保证产品性能指标在规定范围内的一致性;否则,要考虑到现有的设备条件、人员的技术水平,使调试方法、步骤合理可行,操作安全方便。

⑤ 尽量采用新技术、新元器件(如免调试元器件、部件等)、新工艺,以提高生产效率及

产品质量。

⑥ 调试工艺文件应在样机调试的基础上制定。既要保证产品性能指标的要求，又要考虑现有工艺装备条件和批量生产时的实际情况。

⑦ 充分考虑调试工艺的合理性、经济性和高效率。重视积累数据和认真总结经验，不断提高调试工艺水平，从而保证调试工作顺利进行。

（3）整机调试

电子产品的整机调试步骤应在调试工艺方案中明确、细致地规定出来，使操作者容易理解并遵照执行。由于电子产品的种类繁多，电路复杂，内部单元电路的种类、要求及技术指标等不相同，因此调试程序也不尽相同。但对一般电子整机产品来说，一般工艺过程包括整机外观检查、结构调试、电源调试、整机功耗测试、整机统调、整机技术指标的测试等。

① 整机外观检查。检查项目因产品的种类、要求不同而不同，具体要求可按工艺指导卡进行。对于一般的电子产品，主要检查机壳外观、机内异物、功能开关、紧固螺钉、按键或按钮等项目。

② 结构调试。电子产品是机电一体化产品，结构调试的目的是检查整机装配的牢固性和可靠性。具体内容有：各单元电路板、部件与整机的连接、连线是否牢固可靠，有无松动、脱落现象；调节装置是否灵活到位；插头、插座接触是否良好等。

③ 电源调试，同研制阶段调试。

④ 整机功耗测试。整机功耗测试是电子产品的一项重要技术指标。测试时常用调压器对待测整机按额定电源电压供电，测出正常工作时的交流电流，两者的乘积即得整机功耗。如果测试值偏离设计要求，则说明机内存在故障隐患，应对整机进行全面检查。

⑤ 整机统调。调试好的单元电路装配成整机后，其性能参数会受到不同程度的影响。因此，装配好整机后应对其单元电路再进行必要的调试，从而保证各单元电路的功能符合整机性能指标的要求。

⑥ 整机技术指标的测试。对已调试好的整机应进行技术指标测试，以判断它是否达到设计要求的技术水平。不同类型的整机有不同的技术指标，其测试方法也不尽相同。必要时应记录测试数据，分析测试结果，写出调试报告。

9.3 故障检测方法

故障是我们不希望出现但又是不可避免的电路异常工作状况。分析、寻找和排除故障是电气工程人员必备的实际技能。对于一个复杂的系统来说，要在大量的元器件和线路中迅速、准确地找出故障是不容易的。一般故障诊断过程就是从故障现象出发，通过反复测试，作出分析判断，逐步找出故障的过程。

9.3.1 常见故障现象和产生故障的原因

1. 常见的故障现象

① 放大电路没有输入信号，而有输出波形。

② 放大电路有输入信号，但没有输出波形，或者波形异常。

③ 串联稳压电源无电压输出，或输出电压过高且不能调整，或输出稳压性能变坏、输出电压不稳定等。

④ 振荡电路不产生振荡。

⑤ 计数器输出波形不稳，或不能正确计数。

⑥ 收音机中出现"嗡嗡""啪啪"等异常声音。

⑦ 发射机中出现频率不稳，或输出功率小甚至无输出，或反射大、作用距离小等。

2．产生故障的原因

故障产生的原因很多，情况也很复杂，有的是一种原因引起的简单故障，有的是多种原因相互作用引起的复杂故障。因此，引起故障的原因很难简单分类。这里只进行一些粗略的分析。

① 对于定型产品使用一段时间后出现故障，故障原因可能是元器件损坏，连线发生短路或断路（如焊点虚焊，插接件接触不良，可变电阻器、电位器、半可变电阻器等接触不良，接触面表面镀层氧化等），或使用条件发生变化（如电网电压波动，过冷或过热的工作环境等）影响电子设备的正常运行。

② 对于新设计安装的电路来说，故障原因可能是：实际电路与设计的原理图不符；元器件使用不当或损坏；设计的电路本身就存在某些严重缺陷，不满足技术要求；连线发生短路或断路等。

③ 仪器使用不正确引起的故障，如示波器使用不正确而造成的波形异常或无波形、共地问题处理不当而引入的干扰等。

④ 各种干扰引起的故障。

9.3.2 检查故障的一般方法

查找故障的顺序可以从输入到输出，也可以从输出到输入。

1．直接观察法

直接观察法是指不用任何仪器，利用人的视、听、嗅、触觉等手段来发现问题，寻找和分析故障。直接观察包括不通电观察和通电观察。

不通电观察也称静态观察，在电子线路通电之前通过目视找出某些故障。静态观察要先外后内，循序渐进。先检查电子产品的外表，有无碰伤、按键、插口、电线电缆有无损坏、熔断器有无烧断等。再检查内部电路，电解电容的极性、二极管和三极管的引脚、集成电路的引脚有无错接、漏接、互碰等情况，布线是否合理，印制电路板有无断线，电阻、电容有无烧焦和炸裂等。

通电观察也称动态观察，是利用人的视、听、嗅、触觉等手段查找线路故障。通电后观察元器件有无发烫、冒烟等现象，电路内有无异常声音，有无烧焦、烧糊的异味，示波管灯丝是否亮，有无高压、打火等。此法简单，也很有效，可用于初步检查，但对于比较隐蔽的故障无能为力。

2．测量法

测量法是故障检测中使用最广泛、最有效的方法。根据检测的电参数特性又可分为电阻法、电压法、电流法、逻辑状态法和波形法。

（1）电阻法

电阻是各种电子元器件和电路的基本特征，利用万用表测量电子元器件或电路各点之间电阻值来判断故障的方法称为电阻法。测量电阻值，有"在线"和"离线"两种基本方式。

"在线"测量，需要考虑被测元器件受其他并联支路的影响，测量结果应对照原理图分析判断。

"离线"测量需要将被测元器件或电路从整个电路或印制电路板上脱焊下来，操作较麻烦但结果准确可靠。

用电阻法测量集成电路，通常先将万用表的一个表笔接地，用另一个表笔测各引脚对地电阻值，然后交换表笔再测一次，将测量值与正常值（有些维修资料给出，或自己积累）进行比较，相差较大者往往是故障所在。

电阻法对确定开关、插接件、导线、印制电路板导电图形的通断及电阻器的变质，电容器短路，电感线圈断路等故障非常有效且快捷，但对晶体管、集成电路及单元电路来说，一般不能直接判定故障，需要对比分析或兼用其他方法。但由于电阻法不用给电路通电，可将检测风险降到最小，因此一般检测首先采用。

注意：

① 使用电阻法时应在线路断电、大电容放电的情况下进行，否则结果不准确，还可能损坏万用表。

② 在检测低电压供电的集成电路（≤5V）时避免用指针式万用表的 $R×10k$ 挡。

③ 在线测量时应持万用表表笔交替测试，对比分析。

（2）电压法

电子线路正常工作时，线路各点都有一个确定的工作电压，通过测量电压来判断故障的方法称为电压法。电压法是通电检测手段中最基本、最常用的方法。根据电源性质又可分为交流和直流两种电压测量。

1）交流电压测量

一般电子线路的交流回路较为简单，对 50/60Hz 市电升压或降压后的电压，只需使用普通万用表选择合适的交流量程即可，测高压时要注意安全并养成用单手操作的习惯。

对非 50/60Hz 的电源，例如变频器输出电压的测量，就要考虑所用电压表的频率特性。一般指针式万用表为 45～2000Hz，数字万用表为 45～500Hz，超过范围或非正弦波测量，结果都不正确。

2）直流电压测量

检测直流电压一般分为 3 步。

① 测量稳压电路输出端是否正常。

② 各单元电路及电路的关键"点"，如放大电路输出点、外接部件电源端等处电压是否正常。

③ 电路主要元器件如晶体管、集成电路各引脚电压是否正常，对集成电路首先要测电源端。

比较完善的产品说明书中应给出电路各点的正常工作电压，有些维修资料中还提供集成电路各引脚的工作电压。另外，也可以对比正常工作的同种电路测得各点电压。偏离正常电压较多的部位或元器件，往往就是故障所在。

（3）电流法

电子线路正常工作时，各部分工作电流是稳定的，偏离正常值较大的部位往往是故障所在。这就是用电流法检测线路故障的原理。电流法有直接测量和间接测量两种方法。

直接测量就是将电流表直接串接在欲检测的回路测得电流值的方法。这种方法直观、准确，但往往需要对线路做"手术"，如断开导线、脱焊元器件引脚等，才能进行测量，因而不大方便。

间接测量法实际上是用测电压的方法再将结果换算成电流值。这种方法快捷方便，但如果所选测量点的元器件有故障，则不容易准确判断。如图 9-8 所示，欲通过测 R_e 的电压降确定三极管工作电流是否正常，若 R_e 本身阻值偏差较大或 C_e 漏电，都可能引起误判。

说明书或元器件样本中都给出了正常工作电流值或功耗值，另外通过实践积累可大致判断各种电路和常用元器件的工作电流范围，例如一般运算放大器、TTL 电路静态工作电流不超过几毫安，CMOS 电路则在毫安级以下等。

（4）波形法

通过示波器观察被检测电路工作在交流状态时各测试点波形的形状、幅度、周期、频率等，从而判断被检测电路中是否存在故障的方法，称为波形法。波形法应用于以下3种情况。

1）波形的有无和形状

在电子线路中电路各点的波形有无和形状一般是确定的，例如标准的电视机原理图中就给出各点波形的形状及幅值（见图9-9），如果测得该点波形没有或形状相差较大，则故障发生于该电路的可能性较大。

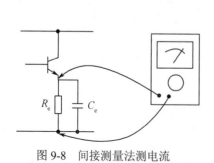

图9-8 间接测量法测电流　　　图9-9 电视机局部电路波形图

当观察到不应出现的自激振荡或调制波形时，虽不能确定故障部位，但可从频率、幅值大小分析故障原因。

2）波形失真

在放大或缓冲等电路中，若电路参数失配，元器件选择不当或损坏都会引起波形失真，通过观测波形和分析电路可以找出故障原因。

3）波形参数

利用示波器测量波形的各种参数，如幅值、周期、前后沿相位等，与正常工作时的波形参数对照，找出故障原因。

应用波形法要注意：

① 对电路中高电压和大幅度脉冲部位一定注意不能超过示波器的允许电压范围，必要时可采用高压探头或对电路观测点采取分压或取样等措施。

② 示波器接入电路时本身输入阻抗对电路有一定影响，特别测量脉冲电路时，要采用有补偿作用的10∶1探头，否则观测的波形与实际不符。

（5）逻辑状态法

对数字电路而言，只需判断电路各部位的逻辑状态即可确定电路工作是否正常。数字逻辑主要有高、低两种电平状态，另外还有脉冲串及高阻状态，因而可以使用逻辑笔进行电路检测。

逻辑笔具有体积小，携带使用方便的优点。功能简单的逻辑笔可测单种电路（TTL或CMOS）的逻辑状态，功能较全的逻辑笔除可测多种电路的逻辑状态外，还可定量测脉冲个数，有些还具有脉冲信号发生器的作用，可发出单个脉冲或连续脉冲供检测电路用。

3．跟踪法

信号传输电路包括信号获取（信号产生）、信号处理（信号放大、转换、滤波、隔离等）及信号执行电路，在现代电子电路中占有很大比例。这种电路的检测关键是跟踪信号的传输环节。具体应用中根据电路的种类有信号寻迹法和信号注入法两种。

（1）信号寻迹法

信号寻迹法是针对信号产生和处理电路的信号流向寻找信号踪迹的检测方法，具体检测时又可分为正向寻迹（由输入到输出顺序查找）、反向寻迹（由输出到输入顺序查找）和等分寻迹3种。

正向寻迹是常用的检测方法，可以借助测试仪器（示波器、频率计、万用表等）逐级定性、定量检测信号，从而确定故障部位。如图 9-10 所示为用双踪示波器检测毫伏表电路的示意图。

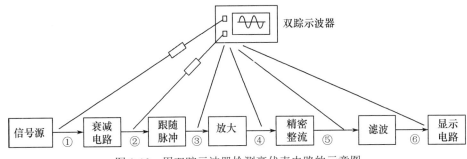

图 9-10　用双踪示波器检测毫伏表电路的示意图

用一个固定的正弦波信号加到毫伏表输入端，从衰减电路开始逐级检测各级电路，根据该级电路功能及性能可以判断该处信号是否正常，逐级观测，直到查出故障。

反向寻迹检测与正向寻迹检测的顺序相反。

等分寻迹对于单元较多的电路是一种高效的方法。下面以某仪器时基信号产生电路为例说明这种方法。该电路由置于恒温槽中的晶体振荡器产生 5MHz 信号，经 9 级分频电路，产生测试要求的 1Hz 和 0.01Hz 信号，如图 9-11 所示。

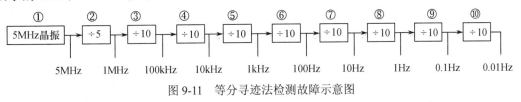

图 9-11　等分寻迹法检测故障示意图

电路共有 10 个单元，如果第 9 单元有问题，采用正向寻迹法需测试 8 次才能找到。等分寻迹法是将电路分为两部分，先判定故障在哪一部分，然后将有故障的部分再分为两部分检测。仍以第 9 单元故障为例，用等分寻迹法测 1kHz 信号，发现正常，判定故障在后半部分；再测 1Hz 信号，仍正常，可判定故障在 9、10 单元；第三次测 0.1Hz 信号，即可确定第 9 单元的故障。显然，等分寻迹法的效率大为提高。

等分寻迹法适用多级串联结构，且各级电路的故障率大致相同，每次测试时间差不多的电路。对于有分支、有反馈或单元较少的电路则不适用。

（2）信号注入法

对于本身不带信号产生电路或信号产生电路有故障的信号处理电路，采用信号注入法是有效的检测方法。所谓信号注入，就是在信号处理电路的各级输入端输入已知的外加测试信号，通过终端指示器（如指示仪表、扬声器、显示器等）或检测仪器来判断电路的工作状态，从而找出电路故障。

各种广播电视接收设备是采用信号注入法检测的典型。如图 9-12 所示为一个调频立体声收音机框图。检测时需要两种信号：鉴频器之前是调频立体声信号，解码器之后是音频信号。通常检测收音机电路采用反向信号注入法，即先将一定频率和幅度的音频信号从 A_R、A_L 开始逐渐向前推移，通过扬声器或耳机监听声音的有无和音质及大小，从而判断电路故障。如果音频电路部分正常，就要用调频立体声信号源从 G、H…依次注入，直到找出故障点。

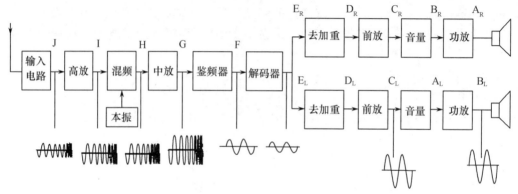

图 9-12 调频立体声收音机框图

采用信号注入法检测时要注意以下几点。

① 信号注入顺序根据具体电路可采用正向、反向或中间注入的顺序。

② 注入信号的性质和幅度要根据电路和注入点变化，如上例收音机音频部分注入信号，越靠近扬声器需要的信号越强，同样信号注入 B 点可能正常、注入 D 点可能过强会使放大器饱和失真。通常可以估测注入点工作信号，作为注入信号的参考。

③ 注入信号时要选择合适的接地点，防止信号源和被测电路相互影响。一般情况下，可选择靠近注入点的接地点。

④ 信号与被测电路要选择合适的耦合方式，例如交流信号应串接合适电容，直流信号串接适当电阻，使信号与被测电路阻抗匹配。

⑤ 信号注入有时可采用简单易行的方式，如收音机检测时就可用人体感应信号作为注入信号（即手持导电体碰触相应电路部分）进行判别。同理，有时也必须注意感应信号对外加信号检测的影响。

4．替换法

替换法是用规格、性能相同的正常元器件、单元电路或部件，代替电路中被怀疑的相应部分，从而判断故障所在的一种检测方法，也是电路调试、检修中最常用、最有效的方法之一。实际应用中，按替换对象不同，可有 3 种方法。

（1）元器件替换

元器件替换除某些电路结构较为方便外（如带插接件的 IC、开关、继电器等），一般都需拆焊，操作比较麻烦且容易损坏周边电路或印制电路板，因此元器件替换一般只作为其他检测方法均难判别时才采用的方法，并且尽量避免对印制电路板做"大手术"。例如，怀疑某两个引线的元器件开路，可直接焊上一个新元器件进行实验；怀疑某个电容容量减小，可再并联一只电容进行实验。

（2）单元电路替换

当怀疑某一单元电路有故障时，可用一个同样型号或类型的正常电路替换待查电子设备的相应单元电路，可判断此单元电路是否正常。有些电路有若干个相同的单元电路，例如立体声电路左、右声道完全相同，可用于交叉替换实验。

当电子设备采用单元电路多板结构时，替换实验是比较方便的。因此，对现场维修要求较高的设备，尽可能采用方便替换的结构，使设备维修性良好。

（3）部件替换

随着集成电路和安装技术的发展，电子产品迅速向集成度更高、功能更多、体积更小的方向发展，不仅元器件级的替换实验困难，单元电路替换也越来越不方便，过去十几块甚至几十块电路的功能，现在用一块集成电路即可完成，在单位面积的印制电路板上可以容纳更多的电路单元，电路的检测、维修逐渐向板卡级甚至整体方向发展。特别是较为复杂的由若干独立功能部件组成的系统，检测时主要采用的是部件替换法。部件替换法要遵循以下3点。

① 用于替换的部件与原部件必须型号、规格一致，或者是主要性能、功能兼容，并且能正常工作的部件。

② 要替换的部件接口工作正常，至少电源及输入、输出接口正常，不会使替换部件损坏。这一点要求在替换前分析故障现象并对接口电源做必要检测。

③ 替换要单独实验，不要一次替换多个部件。

最后需要强调的是，替换法虽然是一种常用的检测力法，但不是最佳方法，更不是首选方法。它只是在用其他方法检测的基础上对某一部分有怀疑时才选用的方法。

对于采用微处理器的系统，还应注意先排除软件故障，然后才进行硬件检测和替换。

5. 比较法

常用的比较法有整机比较法、调整比较法、旁路比较法和排除比较法4种。

（1）整机比较法

整机比较是将故障设备与同类型正常工作的设备进行比较，从而查找故障的方法。整机比较法以检测法为基础，对可能存在故障的电路部分进行工作点测定和波形观察，或者信号检测，比较好坏设备的差别，从中找出电路中的不正常情况，进而分析故障原因，判断故障点。

（2）调整比较法

调整比较法是通过整机设备可调元器件或改变某些现状，比较调整前后电路的变化来确定故障的一种检测力法。这种方法特别适用于放置时间较长，或经过搬运、跌落等外部条件变化引起故障的设备。

（3）旁路比较法

旁路比较法是用适当容量和耐压的电容对被检测设备电路的某些部位进行旁路的比较检查方法，适用于电源干扰、寄生振荡等故障。

旁路比较法实际是一种交流短路实验，一般情况下先选用一种容量较小的电容，临时跨接在有疑问的电路部位和"地"之间，观察比较故障现象的变化。如果电路向好的方向变化，则可适当加大电容容量再试，直到消除故障，根据旁路的部位可以判定故障的部位。

（4）排除比较法

有些组合整机或组合系统中往往有若干相同功能和结构的组件，调试中发现系统功能不正常时，不能确定引起故障的组件，这种情况下采用排除比较法容易确认故障所在。方法是逐一插入组件，同时监视整机或系统，如果系统正常工作，就可排除该组件的嫌疑再插入另一块组件实验，直到找出故障。

6. 断路法

断路法用于检查短路故障最有效，也是一种使故障怀疑点逐步缩小范围的方法。例如，某稳压电源接入一个带有故障的电路，使输出电流过大，我们采取依次断开电路的某一支路的办法来检查故障。如果断开该支路后，电流恢复正常，则故障就发生在此支路。

7. 暴露法

有时故障不明显，或时有时无，一时很难确定，此时可采用暴露法。检查虚焊时，对电路进行敲击就是暴露法的一种。另外，还可以让电路长时间工作一段时间，例如几小时，然后再来检查电路是否正常。这种情况下往往有些临界状态的元器件经不住长时间的工作，就会暴露出问题来，然后对症处理。

实际调试时，寻找故障原因的方法多种多样，以上仅列举了几种常用的方法。这些方法的使用可根据设备条件、故障情况灵活掌握。对于简单的故障用一种方法即可查找出故障点，但对于较复杂的故障则需采取多种方法互相补充、互相配合，才能找出故障点。一般情况下，寻找故障的常规做法是：

① 采用直接观察法，排除明显的故障；
② 再用万用表（或示波器）检查静态工作点；
③ 信号寻迹法是对各种电路普遍适用且简单直观的方法，在动态调试中广为应用。

应当指出的是，对于反馈环内的故障诊断是比较困难的，在这个闭环回路中，只要有一个元器件（或功能块）出现故障，则往往整个回路中处处都存在故障现象。寻找故障的方法是：先把反馈回路断开，使系统成为一个开环系统，然后再接入一适当的输入信号，利用信号寻迹法逐一寻找发生故障的元器件（或功能块）。例如，图 9-13 是一个带反馈的方波、锯齿波电压产生电路，A1 的输出信号 U_{o1} 作为 A2 的输入信号，A2 的输出信号 U_{o2} 作为 A1 的输入信号。也就是说，不论是 A1 组成的过零比较器或 A2 组成的积分器发生故障，都将导致 U_{o1}、U_{o2} 无输出波形。寻找故障的方法是：断开反馈回路中的一点（如 B_1 点或 B_2 点），假设断开 B_2 点，并从 B_2 点与 R_7 连线端输入一适当幅值的锯齿波，用示波器观测 U_{o1} 输出波形应为方波，U_{o2} 输出波形应为锯齿波。如果 U_{o1} 没有波形（或 U_{o2} 波形出现异常），则故障就发生在 A1 组成的过零比较器（或 A2 组成的积分器）电路上。

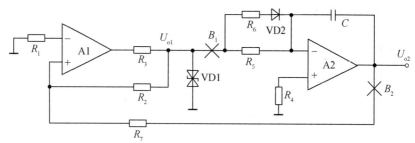

图 9-13 带反馈的方波、锯齿波产生电路

9.3.3 安全事项

在检修过程中，应当切实注意安全问题。有许多安全注意事项是普遍适用的，有的是针对人身安全的以保护操作人员的安全，有的是针对电子设备的以避免测试仪器和被检设备受到损坏。对于有些专用的精密设备，还有特别的注意事项需要在使用前引起注意。

① 许多电子设备的机壳与内电路的地线相连，测试仪器的地应与被检修设备的地相连。
② 检修带有高压危险的电子设备（如电视机显像管）时，打开其后盖板时应特别留神。
③ 在连接测试线到高压端之前，应切断电源。如果做不到这一点，应特别注意避免碰及电路和接地物体。用一只手操作并站在有适当绝缘的地方，可减少电击的危险。
④ 滤波电容可能存有足以伤人的电荷。在检修电路前，应使滤波电容放电。
⑤ 绝缘层破损可引起高压危险。在用这种导线进行测试前，应检查测试线是否被划破。
⑥ 注意仪表使用规则，以免损坏表头。
⑦ 应使用带屏蔽的探头。当用探头触及高压电路时，决不要用手去碰及探头的金属端。
⑧ 大多数测试仪器对允许输入的电压和电流的最大值都有明确规定，不要超过这一最大值。
⑨ 防止震动和机械冲击。

⑩ 测试前应研究待测电路，尽可能使电路与仪器的输出电容相匹配。

⑪ 在一些测试仪器上可以看到两个国际标准告警符号，如图 9-14 所示。内有惊叹号的三角形（见图 9-14（a）），告诫操作人员在使用一个特别端口或控制旋钮时，应按规程去做。如图 9-14（b）表示电击的 Z 字形符号，告诫操作人员在某一位置上有高压危险或使用这些端口或控制旋钮时，应考虑电压极限。

图 9-14 国际标准告警符号

9.4 电子装配工艺基础

9.4.1 安装导线

1．安装导线的种类

电子产品中常用导线包括电线和电缆。

（1）电线

裸线：表面没有绝缘层的金属导线。可作为电线、电缆的线芯，也可直接使用。

绝缘电线：在裸线表面裹上绝缘材料（塑料类、橡胶类、纤维和涂料类）的导线。

电磁线：有涂漆或包缠纤维做成的绝缘导线。一般用来绕制电感类产品的绕组，所以也叫绕组线、漆包线。

（2）电缆

电缆是在单根或多根绞合而相互绝缘的芯线外面再包上金属外壳或绝缘护套而组成的。

电力电缆：主要用于电力系统的传输和分配。

电气装配用电缆：包括固定敷设电线、绝缘软电线和屏蔽线，用作电子产品的电气连接。

通信电缆：包括通信系统中各种通信电缆、射频电缆、电话线和广播线等。

扁平电缆：又称排线，或带状电缆，是电子产品常用的导线之一。在数字电路特别是计算机电路中，连接导线往往成组出现，工作电平、导线去向都一致，使用扁平电缆最方便。

电子产品常用的安装导线、电缆如图 9-15 所示。

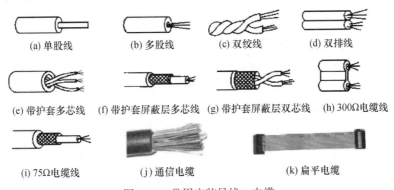

图 9-15 常用安装导线、电缆

2．安装导线的选用

① 导线截面：作为粗略估算，可按 3A/mm² 的载流量选取导线截面。

② 信号线：传输低电平信号时，为了防止外界噪声干扰，应选用屏蔽线。

③ 导线颜色选择：符合习惯、便于识别，可参考表 9-1。

表 9-1 导线颜色选择

电路种类		导线颜色
一般 AC 线路		①白 ②灰
AC 电源线	相线 A	黄
	相线 B	绿
	相线 C	红
	工作零线	淡蓝
	保护零线	黄绿双色
DC 线路	+	①红 ②棕
	GND	①黑 ②紫
	-	①蓝 ②白底青纹
晶体管电路	E	①红 ②棕
	B	①黄 ②橙
	C	①青 ②绿
立体声电路	R 声道	①红 ②橙
	L 声道	①灰 ②白

9.4.2 线束

电子产品内部布线有两种方式。一种是按电路图用导线分别连接，称为"分散布线"，研制及单件生产中往往采用这种方式；另一种是先将导线捆扎成线束后布线，称为"集中布线"，在批量正规生产中都采用这种方式。线束有软线束和硬线束两种。

1．软线束

软线束一般用于产品中功能部件之间的连接，由多股导线、屏蔽线、套管及接线端子组成，一般无须捆扎，按导线功能分组。图 9-16（a）是某款媒体播放机的线束，其接线图如图 9-16（b）所示。

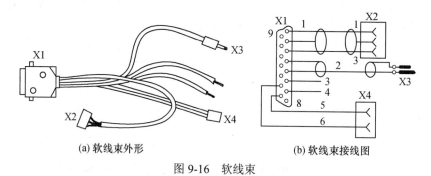

(a) 软线束外形 (b) 软线束接线图

图 9-16 软线束

2．硬线束

硬线束多用于固定产品零部件之间的连接，特别在机柜设备中使用较多。按产品需要将多根导线捆扎成固定形状的线束，如图 9-17 所示。

3. 线束捆扎

线束通常采用以下 3 种方法捆扎成形。

① 线绳绑扎，可用棉线、尼龙线等绑扎线束，绑扎距离和密度根据线束大小确定，一般在分支处要多捆几圈，以便加固。

② 黏结，导线数量不多时也可采用黏合剂将导线黏结成形。

③ 专用线束搭扣，如图 9-18 所示是其中几种，可根据线束大小选择合适搭扣。

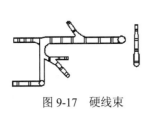

图 9-17 硬线束

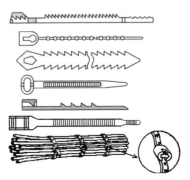

图 9-18 线束搭扣及捆扎

9.4.3 导线及电缆加工

1. 导线加工

（1）下料

按所需的长度用斜口钳裁剪导线。下料时应做到：长度准、切口整齐、不损伤导线及绝缘层。

（2）剥头

将绝缘导线的两端用剥线钳等工具去掉一段绝缘层而露出芯线的过程，称为剥头。剥头长度一般为 10～12mm。剥头时应做到：绝缘层剥除整齐，芯线无损伤、断股等。

剥头的方法：用剥线钳剥头，把导线端头放进钳口并对准剥头距离，握紧钳柄，然后松开，取出导线即可。剥头时应选择与芯线粗细相配的钳口，防止出现损伤芯线或拉不断绝缘层的现象；用热裁法剥头，使用时将剥皮器预热一段时间，待电阻丝呈暗红色时便可进行裁切，为使切口平齐，应边加热边转动导线，等四周绝缘层均切断后用手边转动边向外拉，即可剥出端头。在大批量生产中多使用自动剥线机。

（3）捻头

多股导线脱去绝缘层后，芯线易松散开，因此必须进行捻头处理，以防止浸锡后线端直径太粗。捻头时应按原来合股方向扭紧，捻线角一般为 30°～45°。捻头时用力不宜过猛，以防捻断芯线。

（4）浸锡或搪锡

经过剥头和捻头的导线应及时浸锡，以防止氧化。通常使用锡锅浸锡。锡锅通电加热后，锅中的焊料熔化。将导线端头蘸上助焊剂，然后将导线垂直插入锅中，并且使浸锡层与绝缘层之间留有 1～2mm 间隙，待浸润后取出即可，浸锡时间为 1～3s。应随时清除锡锅残渣，以确保浸锡层均匀光亮。

2. 屏蔽导线加工

（1）屏蔽导线端头屏蔽层的剥离

屏蔽导线是在导线外再加上金属屏蔽层而构成的。在对屏蔽导线进行端头处理时，应注意去除的屏蔽层不能太长，否则会影响屏蔽效果。一般去除的长度为 10～20mm；如果工作电压很高（超过 600V），则可去除 20～30mm，如图 9-19 所示。

（2）屏蔽导线屏蔽层接地端的处理

屏蔽导线的屏蔽层一般都需接到电路的地端，以产生更好的屏蔽效果。屏蔽层的接地线制作通常有以下几种方式。

1）在屏蔽层上绕制镀银铜线制作接地线

在剥离出的屏蔽层下面缠黄绸布 2~3 层，再用直径为 0.5~0.8mm 的镀银铜线密绕在屏蔽层端头的绸布上，宽度为 2~6mm（见图 9-20），然后将镀银铜线与屏蔽层焊牢（应焊一圈），焊接时间不宜过长，以免烫坏绝缘层，最后，将镀银铜线空绕一圈并留出一定的长度用于接地。

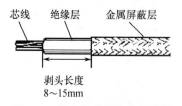
图 9-19 屏蔽导线端头去屏蔽层

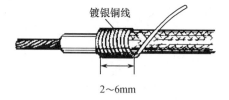
图 9-20 在屏蔽层上绕制镀银铜线制作接地线

2）直接用屏蔽层制作地线

在屏蔽导线端部附近把屏蔽层开一小孔，挑出绝缘线，然后把剥脱的屏蔽线整形、捻紧并浸锡，如图 9-21 所示。注意：浸锡时要用尖嘴钳夹住，否则会向上渗锡，形成很长的硬结。

3）焊接绝缘导线加套管制作地线

在剥除一段金属屏蔽层之后，选取一段适当长度的、导电良好的导线焊牢在金属屏蔽层上，再用套管或热塑管套住焊接处，以保护焊点，如图 9-22 所示。

图 9-21 用屏蔽线制作地线　　　图 9-22 焊接绝缘导线加套管制作地线

3. 扁平电缆端头的加工

扁平电缆又称带状电缆，是由许多根导线结合在一起，相互之间绝缘、整体对外绝缘的一种扁平带状多路导线的软电缆，是使用范围很广的柔性连接。剥去扁平电缆的绝缘层需用专门的工具和技术。常使用摩擦轮剥皮器，低温剥去扁平电缆的绝缘层，如图 9-23 所示。也可使用刨刀片去除扁平电缆的绝缘层，这种方法需把刨刀片加热到足以熔化绝缘层的温度，如图 9-24 所示。

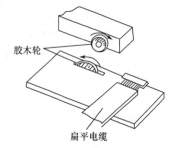

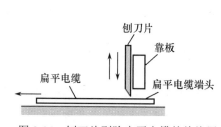

图 9-23 摩擦轮剥除扁平电缆的绝缘层　　图 9-24 刨刀片剥除扁平电缆的绝缘层

9.4.4 连接工艺

在电子设备的装配过程中需要把元器件、零部件等进行固定和连接。连接的形式有很多种，其中用得较多的有螺纹连接、压接、黏接、铆接、焊接等。

1. 螺纹连接

在电子产品的总装过程中，用螺钉、螺母、螺栓、螺柱、垫圈等将零部件进行紧固并锁紧，定位在其合适位置上的过程就称为螺纹连接，简称螺接。该种连接在电子设备组装中用得最为普遍。其优点是装卸方便，能随意调整零部件的位置，而且连接可靠。存在的不足是有震动时螺纹容易产生松动，被连接的器材容易产生形变或损坏破裂。

（1）螺纹连接用紧固件

1）螺钉

螺钉通常是单独（有时加垫圈）使用，一般起紧固作用，应拧入机体的内螺纹。螺钉的种类很多，螺钉形状如图 9-25 所示。

2）自攻螺钉

自攻螺钉与螺钉的主要区别是头部有带尖的螺纹，自攻螺钉的形状如图 9-26 所示。它主要用于塑料件、木料件及薄金属件与金属件之间的紧固和连接。自攻螺钉本身具有较高的硬度，使用时不需要在主体件上打孔攻丝，便可直接拧入。还有一种尖头开槽的自攻螺钉，如图 9-26 所示，它的开槽有助于防止松动，常用于一些塑料外壳的紧固。

图 9-25　螺钉外形

图 9-26　自攻螺钉

3）螺栓、螺柱

螺栓、螺柱的形状如图 9-27 所示。螺栓是由头部和螺杆（带有外螺纹的圆柱体）两部分组成的一类紧固件，需与螺母配合，用于紧固连接两个带有通孔的零件，这种连接形式称为螺栓连接。螺柱是没有头部的，仅有两端均外带螺纹的一类紧固件，连接时，它的一端必须旋入带有内螺纹孔的零件中，另一端穿过带有通孔的零件中，然后旋上螺母，使这两个零件紧固连接成一个整体。这种连接形式称为螺柱连接。

4）螺母

螺母就是螺帽，与螺栓或螺杆拧在一起用来起紧固作用的零件。螺母的种类繁多，其形状如图 9-28 所示。从图中可看到有六角螺母、方螺母、圆螺母、蝶形螺母和盖形螺母，不同形状的螺母其应用场合也有所不同。

5）垫圈

垫圈放在螺栓、螺钉和螺母等的支承面与工件支承面之间，起防松和减小支承面应力的作用。垫圈的种类比较多，如图 9-29 所示。常用的垫圈有平垫圈和弹簧垫圈。

图 9-27　螺栓和螺柱

图 9-28　螺母

图 9-29　垫圈

（2）紧固工具

紧固螺钉所用工具有普通螺丝刀、力矩螺丝刀、固定扳手、活动扳手、力矩扳手、套管扳手等。

每一种螺钉紧固工具都按螺钉尺寸有若干规格。正确的紧固方法应按螺钉大小不同选用不同规格的工具。

正规产品生产应使用力矩工具，以保证每个螺钉都以最佳力矩紧固。大批量生产中一般使用电动或气功紧固工具，并且都有力矩控制机构。

（3）最佳紧固力矩

紧固力矩小，螺钉松，使用中会松动而失去紧固作用；紧固力矩太大，容易使螺纹滑扣，甚至造成螺钉断裂。一般而言，最佳紧固力矩＝（螺钉破坏力矩）×（0.6～0.8）。

每种尺寸的螺钉都有固定的最佳紧固力矩，使用力矩工具很容易达到。使用普通工具，则依靠合适的规格和操作者的经验。

（4）紧固方法

① 使用普通螺丝刀紧固要领：先用手指尖握住手柄拧紧螺钉，再用手掌紧握，拧半圈左右。如图 9-30（b）、（c）所示。

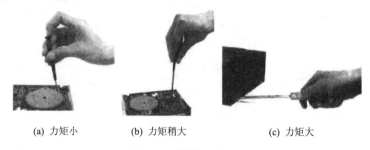

(a) 力矩小　　　(b) 力矩稍大　　　(c) 力矩大

图 9-30　螺丝刀握法

② 紧固有弹簧垫圈的螺钉：弹簧垫圈刚好压平。

③ 没有配套螺丝刀，通过握刀手法控制力矩（见图 9-30）。

④ 成组螺钉紧固，采用对角轮流紧固的方法，如图 9-31 所示。先轮流将全部螺钉预紧（刚刚拧上劲为止），再按图示顺序紧固。

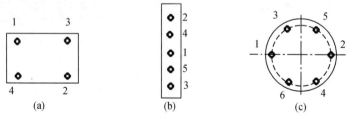

图 9-31　成组螺钉紧固顺序

（5）螺钉防松

1）加装垫圈

平垫圈可防止拧紧螺钉时螺钉与连接件的相互作用，但不能起防松作用。弹簧垫圈使用最普遍且防松效果好，但这种垫圈经多次拆卸后防松效果会变差。因此，应在调整完毕最后工序时紧固它。波形垫圈防松效果稍差，但所需拧紧力较小且不吃进金属表面，常用于螺纹尺寸较大、连接面不希望有伤痕的部位。齿形垫圈也是一种所需压紧力小但其齿能咬住连接件表面，特别是漆面的防松垫，在电位器类元器件中用得较多。止动垫圈的防震作用靠耳片固定六齿螺母，仅用于靠近连接件边缘但不需拆卸的部位，一般不常用。

2) 使用双螺母

双螺母的防松关键是紧固时先紧下螺母，之后用一扳手固定下螺母，另一扳手紧固上螺母，使上、下螺母之间形成挤压而固定。双螺母防松效果良好，但受安装位置和方式的限制。

3) 使用防松漆

螺钉紧固后加点漆（一般由硝基磁漆和清漆配成），也可起到防松作用。

2. 压接

与其他连接方法比，压接有其特殊的优点：温度适应性强，耐高温也耐低温；连接机械强度高，无腐蚀，电气接触良好。

（1）压接端子和工具

压接端子和压接钳如图 9-32 所示。

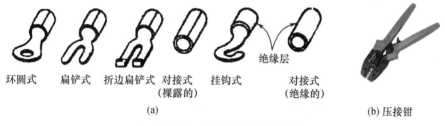

图 9-32 压接端子和压接钳

（2）压接示例

压接因使用不同机械而有各自的压接方法。这里介绍用手工压接工具压接条形插头座端子的方法，如图 9-33 所示。

① 剥线，将压接导线按接线端子尺寸剥去线端，注意保证芯线伸出压线部位 0.5～1mm，绝缘外皮与压接部位距离 0.5～1mm。

② 调整工具，按导线外径和芯线截面调整手工压线钳，使之在正确压接范围内。

③ 压线，将端子及导线准确放入压线钳的压模内，压下手柄。注意：不要让导线脱落，也不要让外皮伸进压线部位。

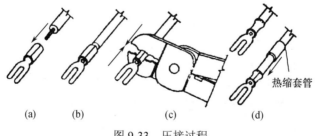

图 9-33 压接过程

3. 黏接

黏接是指利用各种黏合剂将材料、元器件或各种零部件黏接在一起的过程。这是一种广泛应用的连接方法。

（1）黏接的特点

① 由于黏接的接头面平整光滑，因而具有密封性好、绝缘性能好和耐腐蚀性强的特点，并且能根据需要满足有特殊要求的接头。

· 175 ·

② 黏接方法具有操作简单、成本较低、适应性强的特点。

③ 由于黏接方法的工艺简便易行，适合于对各种零部件的修复，因此是修理行业经常采用的方法之一。

④ 黏接存在的不足之处是：耐热性差、对黏接件表面要求较高、黏接接头抗剥离和抗冲击能力差，而且黏接的时间一般比较长，这个过程如果不注意，会造成黏接强度下降甚至黏接失败。同时有机胶容易产生老化，随着时间的推移，其黏接牢靠度会不断下降。

（2）常用黏合剂

普通黏合剂可参考黏合剂手册，这里主要介绍几种电子工业专用胶。

① 导电胶，这种胶有结构型和添加型两种。结构型指树脂本身具有导电性，添加型则是在绝缘树脂中加入金属导电粉末，如银粉、铜粉等配制而成。不同导电胶的体积电阻率各有不同，大约为 $10^{-2} \sim 5 \times 10^{-4} \Omega \cdot cm$，可用于陶瓷、金属、玻璃、石墨等的机械—电连接。成品有 DAD 系列（如 DAD-5、DAD-40 等）、301 胶、305 胶、SY-11、HXJ-13 等。

导电胶不仅可以作为焊料的替代物，而且在 SMT 技术、PCB 及广播通信等领域都可以大显神通，被认为是电子工业专用胶中最有发展前景的材料。

② 导磁胶，在胶黏剂中加入一定的磁性材料，使黏接层具有导磁作用。聚苯乙烯酚醛树脂、环氧树脂等黏合剂加入铁氧体磁粉或碳基铁粉等，可组成不同导磁性能和工艺性能的导磁胶。主要用于铁氧体零件、变压器等的黏接加工。

③ 压敏胶，特点是在室温下，施加一定压力即产生黏接作用。常用压敏胶制成胶带方式使用。例如制作变压器时代替捆扎线，制作 PCB 电路黑白图时用黑胶带贴图等。

④ 光敏胶，光敏胶是由光引发而固化（如紫外线固化）的一种新型黏合剂。由树脂类胶黏剂中加入光敏剂、稳定剂等配制而成，具有固化速度快、操作简单、适于流水线生产的特点。它可用于印制电路、电子元器件的连接。光敏胶加适当焊料配制成焊膏，可用于集成电路的安装技术中。

（3）黏接的过程

黏接的工艺过程如下：选择合适的黏合剂→清洁黏接件表面→调胶→涂胶→叠合加压→固化。

为保证黏接的质量，黏接时必须认真清理黏接件表面，并要根据所用黏合剂所规定的时间进行黏接。同时要做到涂胶的厚度均匀、位置准确、压力均匀，并要严格按照黏接工艺程序进行。

（4）黏合表面的处理

一般看来是很干净的黏合面，由于各种原因，不可避免地在表面存在着杂质、氧化物、水分等污染物质，黏合前黏合表面处理是获得牢固连接的关键之一。任何高性能的黏合剂，只有在合适的表面才能形成良好的黏接层。

一般处理：对一般要求不高或较干净的表面，用酒精、丙酮等溶剂清洗去油污，待清洗剂挥发后即行黏接。

化学处理：有些金属黏接前应进行酸洗，如铝合金须进行氧化处理，使表面形成牢固氧化层再施黏接。

机械处理：有些接头为增大接触面积，需用机械方式形成粗糙表面。

（5）接头设计

虽然不少黏合剂都可以达到或超过黏接材料本身的强度，但接头毕竟是一个薄弱点，设计接头应考虑到一定的裕度。图 9-34 是接头设计的示例。

（6）热熔胶及其使用

1）热熔胶

热熔胶，顾名思义具有加热到一定温度后熔化的特性。熔化后的胶体具有良好的流动性及黏接性，胶液冷却后固化成半透明胶体，既具有黏接性和韧性，又有良好的电气绝缘和防潮性能。同时热熔胶固化后还可通过再次加热软化，使热熔胶具有可逆的性能。

2）热熔胶枪

热熔胶一般以胶棒形式提供，通过热熔胶枪使胶棒送进和熔化。热熔胶枪如图9-35所示，主要由进给机构、加热腔及枪身3部分组成。其中，加热腔由PTC发热元件对胶棒加热、控温，使胶棒变成液体由枪口流出。

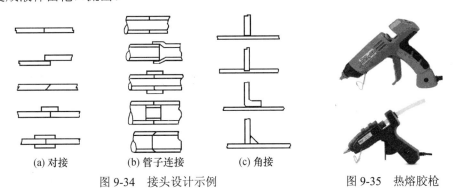

(a) 对接　　　　(b) 管子连接　　　　(c) 角接

图9-34　接头设计示例　　　　图9-35　热熔胶枪

3）热熔胶的使用

用热熔胶进行胶接的方法很简单：将胶棒插入热熔胶枪尾部进料口，接通电源后连续扣动扳机，胶棒在加热腔熔化并从枪口喷流到胶接部位，自然冷却后，胶体固化形成胶接。

热熔胶接不仅可用于电子产品各种接头的黏接固定，还可用于某些部件的灌封及其他需要固定、连接的场合。

9.5　电子产品组装实训

实训项目1　数字万用表的组装与调试

【DT-830B 数字万用表原理】

1. 集成电路 ICL7106 芯片

DT-830B 数字万用表以大规模集成电路 ICL7106 为核心，ICL7106 芯片介绍如下。

（1）ICL7106 芯片结构简述

ICL7106 是高性能、低功耗的 3 位半 A/D 转换电路，具有很强的抗干扰能力。含有 7 段译码器、显示驱动器、参考源、时钟系统及背光电极驱动，可直接驱动 LCD。ICL7106 将高精度、通用性和低成本很好地结合在一起,有低于 10μA 的自动校零功能,零漂小于 1μV/℃,低于 10μA 的输入电流，极性转换误差小于一个字。

（2）引脚功能

ICL7106 有 40 和 44 引脚两种封装形式，引脚排列如图 9-36 所示。

V+、V-分别为电源的正、负端。

COM 是模拟信号的公共端，简称"模拟地"，使用时通常将该端与输入信号的负端、基准电压的负端短接。

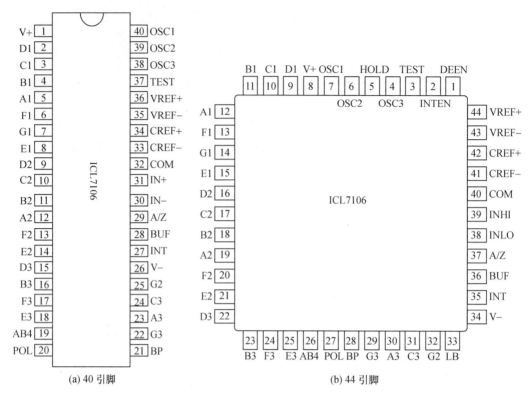

图 9-36 ICL7106 引脚排列

TEST 为测试端，该端经内部 500Ω 电阻接数字电路公共端，因为这两端等电位，故称之为"数字地（GND 或 DGND）"或"逻辑地"。此端有两个功能，一是做"测试指示"，将它与 V+ 相接后，LCD 显示器的全部笔段都点亮，应显示出 1888（全亮笔段），据此可确定显示器有无笔段残缺现象；第二个功能是作为数字地供外部驱动器使用，如构成小数点驱动电路。

A1～G1、A2～G2、A3～G3 分别为个位、十位、百位笔段驱动端，依次接 LCD 显示器的个、十、百位的相应笔段电极，LCD 为 7 段显示（a～g），DP 表示小数点。

AB4 是千位（即最高位）笔段驱动端，接 LCD 显示器的千位 b、c 段，这两个笔段在内部是连通的，当计数值 N>1999 时，显示器溢出，仅千位显示"1"，其余位均消除，以此表示过载。

POL 是负极性指示驱动端。

BP 是 LCD 显示器背面公共电极的驱动端，简称"背电极"。

OSC1～OSC3 是时钟振荡器引出端，与外接阻容元件构成两极反相式阻容振荡器。

VREF+ 是基准电压的正端，简称"基准+"，通常从内部基准电压源获取所需要的基准电压，也可采用外部基准电压，以提高基准电压的稳定性。

VREF- 是基准电压的负端，简称"基准-"。

CREF+、CREF- 是外接基准电容的正、负端。

INHI、INLO 是模拟电压正、负输入端，分别接被测直流电压的正端 IN+ 与负端 IN-。

A/Z 是外接自动调零电容 C_{AX} 端，该端接芯片内部积分器的反相输入端。

BUF 是缓冲放大器的输出端，接积分电阻 R_{int}。

INT 是积分器的输出端，接积分电容 C_{int}。

(3) ICL7106 原理简介

ICL7106 内部包括模拟电路和数字电路两大部分，二者是互相联系的。一方面由控制逻辑产生控制信号，按规定时序将多路模拟开关接通或断开，保证 A/D 转换正常进行；另一方面，模拟电路中的比较器输出信号又控制着数字电路的工作状态和显示结果。下面介绍各部分的工作原理。

1）模拟电路

模拟电路框图如图 9-37 所示，主要由双积分式 A/D 转换器构成，包括 2.8V 基准电压源（E_0）、缓冲器（A1、A4）、积分器（A2）、比较器（A3）和模拟开关等组成。缓冲器 A4 专门用来提高 COM 端的带负载能力，可给数字多用表的电阻挡、二极管挡和 h_{FE} 挡提供便利条件。这种转换器具有转换精度高、抗串模干扰能力强、电路简单、成本低等优点，适合用于低速模数转换。A/D 转换器的每个测量周期分 3 个阶段进行：自动调零、正向积分、反向积分，并按照自动调零→正向积分→反向积分→自动调零……的顺序进行循环。

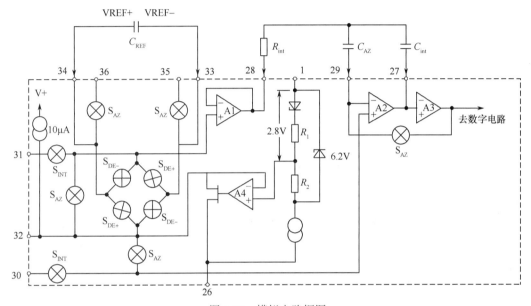

图 9-37 模拟电路框图

2）数字电路

数字电路框图如图 9-38 所示。主要包括 8 个单元：①时钟振荡器；②分频器；③计数器；④锁存器；⑤译码器；⑥异或门相位驱动器；⑦控制逻辑；⑧LCD 显示器。时钟振荡器由 ICL7106 内部反相器 F1、F2 以及外部阻容元件 R、C 组成。若取 $R=120\text{k}\Omega$，$C=100\text{pF}$，则 $f_0=40\text{kHz}$。f_0 经过 4 分频后得到计数频率 $f_{CP}=10\text{kHz}$，即 $T_{CP}=0.1\text{ms}$。此时测量周期 $T=16000T_0=4000T_{CP}=0.4\text{s}$，测量速率为 2.5 次/秒。$f_0$ 还经过 800 分频，得到 50Hz 方波电压，接 LCD 显示器的背电极 BP。LCD 显示器需采用交流驱动方式，当笔段电极 a～g 与背电极 BP 呈等电位时不显示，当二者存在一定的相位差时，LCD 显示器才显示。因此，可将两个频率与幅度相同而相位相反的方波电压，分别加至某个笔段引出端与 BP 端之间，利用二者电位差来驱动该笔段显示。驱动电路采用异或门。其特点是当两个输入端的状态相异时（一个为高电平，另一个为低电平），输出为高电平；反之输出低电平。

2．DT-830B 数字万用表原理分析

（1）数字万用表原理框图

数字万用表原理框图如图 9-39 所示。

（2）直流电压测量电路

直流电压测量电路如图 9-40 所示，由电阻器 R_1+R_2、R_3、R_4、R_5、R_6 组成分压式衰减器，0～1000V

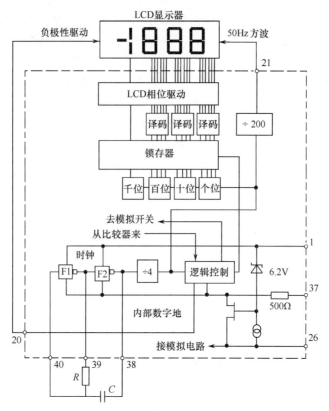

图 9-38 数字电路框图

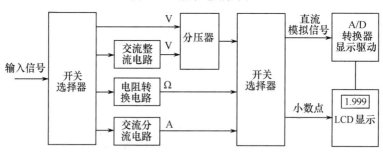

图 9-39 数字万用表原理方框图

的直流电压经分压式衰减器,衰减成 0~200mV 的直流电压送入 ICL7106 组件进行测量。直流电压测量有 200mV、2V、20V、200V、1000V 这 5 个量程。

(3) 交流电压测量电路

交流电压测量电路如图 9-41 所示,由电阻器 R_1、R_2、R_3、R_4、R_5 组成分压式衰减器,被测交流电压经过二极管 VD1 半波整流后的直流电压由分压器取出,送入 ICL7106 组件进行测量。例如测量 220V 的交流电压,半波整流后的电压平均值为 220×0.45=99V,由电阻分压器取出

$$99 \times \frac{R_5}{R_1+R_2+R_3+R_4+R_5} = 99 \times \frac{0.1}{352+90+9+0.9+0.1} \approx 0.022\text{V} = 22\text{mV}$$,送入 ICL7106 组件进行测量。交流电压测量有 200V、750V 两个量程。

(4) 直流电流测量电路

直流电流测量电路如图 9-42 所示,当被测电流流过电阻时产生压降,实现 I-V 转换,送入 ICL7106 进行测量。例如,mA 挡位所需分流电阻的阻值 $R = \dfrac{200\text{mV}}{2\text{mA}} = 100\Omega$。该测量电路可把

0~200mA 的直流电流转换成 0~200mV 的直流电压，利用基本表进行测量并直接显示电流大小。

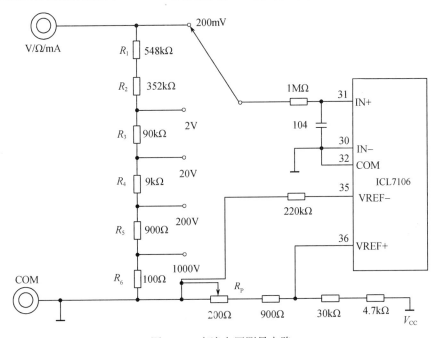

图 9-40 直流电压测量电路

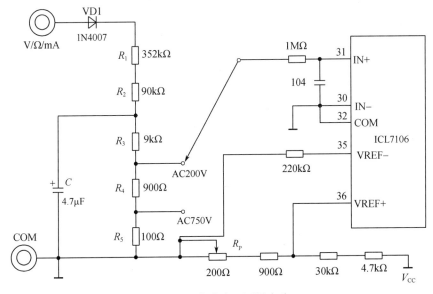

图 9-41 交流电压测量电路

（5）电阻挡测量电路

电阻挡测量电路如图 9-43 所示，利用基准电阻 900kΩ、90kΩ、9kΩ、900Ω、100Ω 依靠功能转换开关，采取比例法实行电阻测量。由于标准电阻与被测电阻 R_Z 串接，电路中流过的电流相同，经稳压后通过基准电阻输入到 ICL7106 的 36 脚和 35 脚作为基准电压，被测电阻 R_Z 上的压降作为基本表的输入电压，则 $\dfrac{V_{R_Z}}{V_{基准}} = \dfrac{R_Z}{R_{基准}}$，当 $R_Z = R_{基准}$ 时，显示数为 1000，$R_Z = 2R_{基准}$ 时满量程。

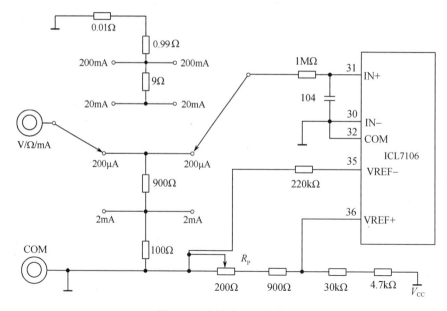

图 9-42 直流电流测量电路

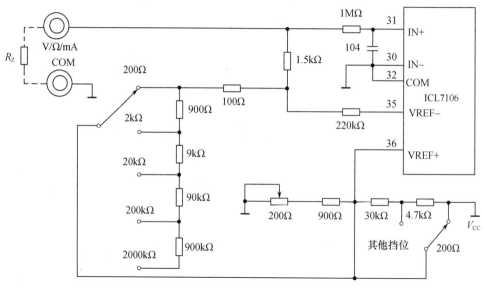

图 9-43 电阻挡测量电路

（6）二极管测量电路

二极管测量电路如图 9-44 所示，1kΩ 标准电阻上的电压降作为基准电压，二极管的正、负极分别与 V/Ω/mA 插孔、COM 插孔连接，则万用表显示二极管正向压降。

（7）晶体三极管 h_{FE}（$\overline{\beta}$）测量电路

根据晶体管管型（NPN 或 PNP），将被测管插入测试管座，如图 9-45 所示。由于基极偏置电阻 R_b（220kΩ）为定值，晶体管共射电流放大系数 $\overline{\beta}=I_c/I_b$，$I_e=I_b+I_c$，$I_e≈I_c$，在共射极上串联的电阻 R_e（10Ω）上流过的电流 I_e 转换为发射极电压 U_e，通过 ICL7106 测量，即可测量出三极管的 $\overline{\beta}$ 值。

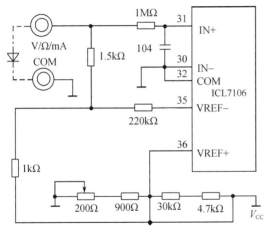
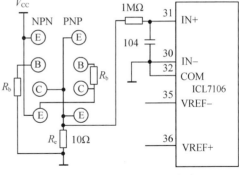

图 9-44 二极管测量电路　　　　图 9-45 晶体三极管 h_{FE} 测量电路

【DT-830B 型数字万用表的组装】

1．装配前的准备工作

（1）准备工具、仪表、材料

电烙铁、尖嘴钳、断线钳、镊子、螺丝刀各 1 把，万用表 1 台，一套 DT-830B 型数字万用表的套件，焊锡、松香若干。

（2）清点、检测元器件

① 对照元器件清单表 9-2 清点元器件的名称、规格（型号）、数量。

表 9-2　DT-830B 型数字万用表元器件清单

名称	规格（型号）	数量	名称	规格（型号）	数量
电路板	DT-830B	1	二极管	1N4007	1
集成电路	CS7106AGP	1	瓷片电容	100pF	1
液晶屏	KWT1709	1	独石电容	104	4
三极管	C9013	1	电解电容	4.7μF/50V	1
电阻器	1/4W，0.99Ω	1	镀银电感	φ1.5×38	1
电阻器	1/4W，9Ω	1	导电胶条	56mm×6.5mm×2mm	1
电阻器	1/4W，100Ω	1	保险管	0.25A	1
电阻器	1/4W，909Ω	1	保险管卡	5mm	1
电阻器	1/4W，1.5kΩ	1	电池扣	9V 扣	1
电阻器	1/4W，9kΩ	2	三极管插座	1 号管插	1
电阻器	1/4W，90.9kΩ	1	表笔插座	φ4.0×8	3
电阻器	1/4W，352kΩ	1	弹簧	φ2.8×3.5	2
电阻器	1/4W，548kΩ	1	钢珠	φ3.2mm	2
电阻器	1/4W，10Ω	1	V 形弹片	A51#	6
电阻器	1/4W，910Ω	1	螺钉	φ2.3×6	5
电阻器	1/4W，20kΩ	1	螺钉	φ2.3×10	2
电阻器	1/4W，100kΩ	1	EVA 单面胶垫	50mm×10mm×5mm	1
电阻器	1/4W，220kΩ	3	表笔	830#	1
电阻器	1/4W，300kΩ	1	电池	9V	1
电阻器	1/4W，1MΩ	4	面板、底壳		各一个
电位器	200Ω	1	旋钮、电池盖		各一个

② 用万用表检测元器件的好坏。

（3）装配步骤

1）元器件引脚成形

注意：元器件引脚弯曲不要贴近根部，以免折断，造成元器件损坏。

2）元器件插装与焊接

对照 PCB 上元器件的丝印面将元器件插装到正确位置。插装时，最好按照底板上元器件的编号，取一个，焊一个，这样便于焊接，不容易出错。立式安装的电阻和二极管的高度不能超过 1cm，以防与机壳内的屏蔽金属箔相碰造成短路。立式电阻起始色环向上安装，镀银电感悬空焊接。焊接时，注意焊锡及其残留物不能弄脏 PCB 圆形挡位接触部位。

3）三极管插座的安装

三极管插座应安装在底板的反面（即元器件面的反面），注意与上机壳的配合。将插座上的凸块对准机壳上的插座孔的凹槽，将插座旋转在插座孔内，确定其 8 个引脚在底板上的位置，且使插座表面与机壳表面平行。

4）液晶屏（LCD）安装

把液晶屏放入面壳窗口内，白面向上，方向标记在右方；放入液晶屏支架，平面向下，用镊子把导电胶条放入支架两棱槽中。在安装液晶屏时，不可用手触及液晶显示玻璃板上的导电区、导电胶及底板反面的导电区，注意保持导电胶条的清洁。如图 9-46 所示。

5）表笔插座、保险管、镀银电感、电池扣等的安装

表笔插座、保险管、镀银电感、电池扣等的安装如图 9-47 所示。

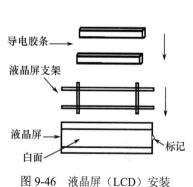

图 9-46　液晶屏（LCD）安装

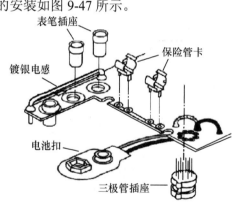

图 9-47　部分元件装配示意图

6）整机装配

整机装配的流程如图 9-48 所示。

① 将少量润滑脂放入弹簧孔中，然后按图 9-48 将 1/4 弹簧插入孔中。

② 将滚珠放在机壳的两个相反位置。

③ 将 6 个 V 形弹片放入旋转开关。

④ 将旋转开关装入机壳，使弹簧和滚珠相配。

⑤ 将 LCD 罩在图 9-48 所示的机壳上。

⑥ 将 PCB 和旋转开关安装在一起，确认三极管插座的 8 个引脚插头进入相应孔位，用螺钉固定 PCB。

⑦ 将 0.25A、250V 保险管卡在保险管卡上。

⑧ 将屏蔽纸后面的塑料纸撕开，然后贴在底壳上。

⑨ 将 9V 电池接在 9V 电池扣上。

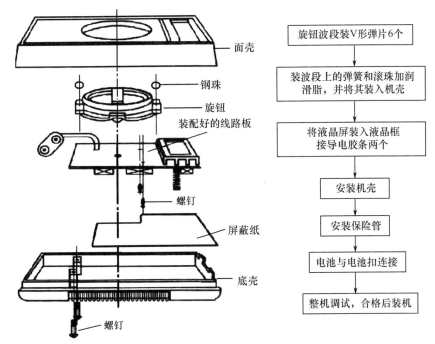

图 9-48 整机装配的流程

【DT-830B 数字万用表的调试】

1. LCD 测试

不连接表笔,转动旋钮拨盘,仪表在各挡位的读数见表 9-3。负号(-)可能会在为零的挡位中闪动显示,另外尾数有一些数字的跳动也是正常的。

表 9-3　各挡位测试显示数据

挡位	功能量程	显示数字	挡位	功能量程	显示数字
DCV	200mV	00.0	DCA	200μA	00.0
	2V	000		2000μA	.000
	20V	0.00		20mA	0.00
	200V	00.0		200mA	00.0
	1000V	000		10A	0.00
Ω	200Ω	188.8	ACV	200V	00.0
	2000Ω	1.888		750V	000
	20kΩ	18.88	二极管	二极管	1888
	200kΩ	188.8	h_{FE}	三极管	000
	2000kΩ	1.888			

如果万用表各挡位显示与表 9-3 所列不符,则应检查以下事项:

① 检查电池电量是否充足,连接是否可靠;
② 检查各电阻的电阻值是否正确;
③ 检查各电容的电容值是否正确;
④ 检查线路板焊接是否有短路、虚焊、漏焊;
⑤ 检查滑动连接片是否接触良好;
⑥ 检查液晶屏、导电胶条和线路板是否正确连接,连接是否良好。

2．直流电压挡的调试与校验

校验时可用标准电压发生器给出电压或用经校验的 4 位半数字万用表做对比。

① 在直流电压 200mV 量程挡，输入一个精确的 100mV 直流电压测试。调节 200Ω 电位器 R_P，使显示器显示值在 99.9～100.1 之间。

② 200mV 量程调好后，分别用 1.000V、10.00V、100.0V、1000V 直流电压校验 2V、20V、200V、1000V 各挡，若出现较大误差，需检查分压电阻安装是否有错误。各量程的误差极限见表 9-4。

3．直流电流挡的校验

直流电压挡工作正常，若 10A 挡误差较大，可在镀银电感上加焊焊锡，使测量精度达到 ±(2.0%+5)（2.0%代表线性误差，+5 代表最后一位显示有 5 个字的相对误差）的要求。其他各量程一般不必校验，若出现较大测量误差，则与分流电阻、转换开关的接触电阻有关。各量程的误差极限见表 9-5。

表 9-4 直流电压挡的校验

量程	误差极限	分辨率
200mV	±(0.5%+4)	100μV
2V		1mV
20V		10mV
200V		100mV
1000V	±(1.0%+5)	1V

表 9-5 直流电流挡的校验

量程	误差极限	分辨率
200μA	±(1.5%+3)	0.1μA
2mA		1μA
20nA		10μA
200mA		100μA
10A	±(2.0%+5)	10mA

4．电阻挡的校验

电阻挡校验时最好用标准电阻箱，也可选用优于 0.2％的 RJ 型电阻。电阻各挡的误差极限见表 9-6。

5．交流电压挡的校验

将 100V、250V 的交流电压依次加到 200V、750V 交流挡，用 4 位半数字万用表比对，显示值应不超出表 9-7 中的误差极限。由于与直流电压挡公用分压电阻，若出现较大误差，应重点检查整流二极管。若条件不具备，可置万用表到 750VAC 量程测量 220V 交流市电与标准表比对读数。

表 9-6 电阻挡的校验

量程	误差极限	分辨率
200Ω	±(0.8%+5)	0.1Ω
2kΩ	±(0.8%+3)	1Ω
20kΩ		10Ω
200kΩ		100Ω
2MΩ	±(1.0%+15)	10kΩ

表 9-7 交流电压挡的校验

量程	误差极限	分辨率
200V	±(1.2%+10)	100mV
750V		1V

实训项目 2 调频收音机的装配

【调频原理】

用音频信号去调制高频载波信号的频率，使其频率随着音频信号的变化而变化，这种调制方法称为调频（FM）。如图 9-49 所示，图 9-9（a）所示波形是音频信号，图 9-9（b）所示波形就是调频波。可以看到，它的周期在各点上并不一致，在音频信号幅度大时其周期短，频率高；在音频信号幅度低时其周期长，频率低，调频波的频率随音频信号变化而幅度不变。这就是调频波的特点。

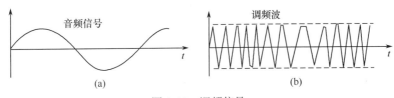

图 9-49　调频信号

我国调频收音机的频段规定为 88～108MHz，电波传播为直线传播，调频广播电台的电波传播距离近、覆盖范围小。正因为如此，各电台之间干扰也小。调频广播的频带宽，单声道调频收音机为 180kHz，立体声调频收音机为 198kHz，放音频率可达 20～15000Hz，音质很好。调频广播电台有单声道和立体声两类，调频收音机也有对应的两类。单声道调频收音机的组成框图如图 9-50 所示，由高频调谐器（又叫高频头或调频头）、中频放大级、鉴频级、低放级 4 大部分组成。

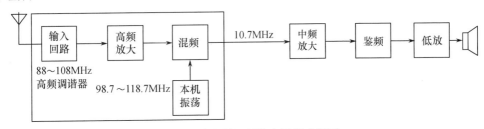

图 9-50　单声道调频收音机组成框图

从天线接收的电波经输入回路选出 88～108MHz 调频高频信号，该信号送入高频放大级进行放大。放大后的信号与本机振荡所产生的信号都送入混频级。混频后取出 10.7MHz 的中频信号进入中频放大级，放大限幅后送入鉴频级。鉴频级还原出音频信号进入低放级，最后在扬声器放出声音。

【集成电路芯片 SP7021 组成的 FM 收音机】

1．概述

集成电路芯片 SP7021 内包含高频放大器、混频器、本机振荡器、两级有源中频滤波器、鉴频器、低频放大器、静噪电路及相关静噪系统等，具有单声道 FM 收音机的全部功能。工作电压范围为 1.8～6V，推荐值为 3V。它适用于单声道或立体声 FM 收音机，尤其适用于低压微调谐系统。SP7021 采用 16 脚双列扁平封装。

2．特点

① 由于中频频率很低，只有 76kHz，中频滤波由两级有源中频滤波器来实现，在外围电路取消了中周变压器或陶瓷滤波器，简化了电路结构，缩小了体积。

② 输入回路不需要调整，采用宽带接收，通过改变本机振荡器的调谐频率来选择电台信号。高频输入信号频率范围为 1.5～110MHz。

③ SP7021 内设有混频器、限幅中放、鉴频器、本机振荡器（VCO）组成的频率锁相环电路，用来对中频频偏进行压缩，以满足广播信号的频带宽度。

④ SP7021 内设有相关静噪系统及静噪电路组成的降噪系统，可用于抑制无信号时电源开关转换时以及接收弱信号时的噪声，提高信噪比。

3．工作原理

由 SP7021 组成的单片收音机原理图如图 9-51 所示，表 9-8 是 SP7021 的引脚功能表。

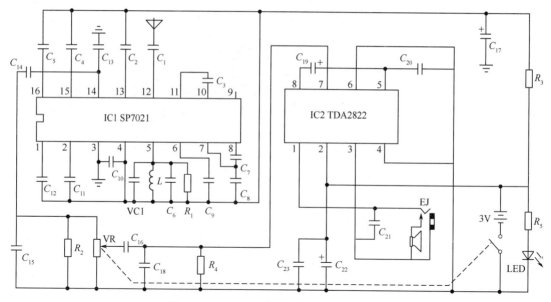

图 9-51 SP7021 组成的单片收音机原理图

表 9-8 SP7021 引脚功能

引脚	功　能	引脚	功　能
1	鉴频输出	9	场强指示
2	静噪输出	10	中频补偿
3	地 GND	11	中频补偿
4	电源 V_{CC}	12	射频信号输入
5	本振电路外接 LC 回路	13	射频信号输入
6	限幅放大滤波器	14	音频信号输出
7	中频滤波	15	音频滤波
8	中频滤波	16	反馈

(1) FM 信号输入

从天线接收的调频信号经 C_1 由引脚 12 输入,进入 IC1 的 12、13 脚混频电路,C_{11} 是天线输入回路的旁路电容。

(2) 本振调谐电路

引脚 5 的电感线圈和可变电容器 VC1 组成振荡频率谐振回路,调谐电台用单联可变电容器改变本振频率即可;集成电路中的中频波形相关器保证了天线信号频率与本振频率相差 76kHz,调谐准确时输出最大,调偏频率输出减小。

(3) 中频放大、限幅和鉴频

该电路的显著特点是中频频率为 76kHz,采用有源滤波器把电阻和放大器做在集成电路内部,C_7、C_8、C_3 与内部电路组成 76kHz 中频滤波器。中频信号经内部放大器、中频限幅器,送到鉴频器检出音频信号,经内部环路滤波后从引脚 14 输出。C_{12} 是鉴频器滤波电容,用来滤去鉴频输出端的中频及高频谐波分量。电路中引脚 2 的 C_{11} 为静噪电容,C_9 是限幅电路输入级的旁路电容。

(4) 功放电路

SP7021 的引脚 14 输出的音频信号经电位器调节音量后,由 TDA2822 组成单声道桥式

（BTL）放大电路进行放大，驱动扬声器。TDA2822 的引脚功能见表 9-9。

表 9-9 TDA2822 引脚功能

引脚	功能	引脚	功能
1	1 通道输出	5	2 通道反相输入
2	2 通道输出	6	2 通道同相输入
3	电源 V_{CC}	7	1 通道同相输入
4	地 GND	8	1 通道反相输入

【RW-2908FM 单片收音机的装配】

1．装配前的准备工作

（1）准备工具、仪表、设备、材料

个人用工具、仪表、材料：电烙铁、尖嘴钳、断线钳、镊子、螺丝刀各 1 把，万用表 1 台，一套 RW-2908FM 单片收音机的套件，焊锡、松香若干。

公用设备：丝网印刷机 1 台、再流焊机 1 台、放大镜 1 台。

（2）清点、检测元器件

① 对照元器件清单表 9-10 清点元器件的名称、规格（型号）、数量。

表 9-10 RW-2908FM 收音机元器件清单

序号	名称规格	数量	位号	序号	名称规格	数量	位号
1	线路板 RW-2980	1		22	电容/0805-102pF	3	C_1、C_{13}、C_{18}
2	芯片 SP7021	1	IC1	23	电容/0805-332pF	1	C_3
3	芯片 TDA2822	1	IC2	24	电容/0805-103pF	4	C_{10}、C_{15}、C_{16}、C_{20}
4	空心电感	1	L1	25	电容/0805-403pF	1	C_{12}
5	四联电容 20pF	1	VC1	26	电容/0805-104pF	3	C_5、C_9、C_{11}
6	发光二极管（红）	1	LED	27	电容/0805-104pF	3	C_{14}、C_{21}、C_{23}
7	耳机插座 EJ-3570	1	J2	28	导线 $\phi 1.2 \times 120$	5	
8	电位器 B10K	1	VR	29	扬声器 8Ω，0.5W	1	
9	电解电容 10μF/16V	1	C_{19}	30	拉杆天线	1	
10	电解电容 100μF/16V	1	C_{17}	31	螺钉 $\phi 2.5 \times 4.5$	3	
11	电解电容 220μF/16V	1	C_{22}	32	螺钉 $\phi 1.7 \times 4$	1	
12	电阻/0805-10R	1	R_3	33	螺钉 $\phi 2 \times 6$	1	
13	电阻/0805-22kΩ	1	R_2	34	螺钉 $\phi 2 \times 3.5$	1	
14	电阻/0805-1kΩ	1	R_5	35	电池弹弓一套	1	
15	电阻/0805-1.5kΩ	1	R_1	36	机壳上盖	1	
16	电阻/0805-10kΩ	1	R_4	37	机壳下盖	1	
17	电容/0805-22pF	1	C_6	38	调谐拨盘	1	
18	电容/0805-472pF	1	C_4	39	电位器拨盘	1	
19	电容/0805-221pF	1	C_2	40	刻度盘	1	
20	电容/0805-681pF	1	C_7	41	天线焊片	1	
21	电容/0805-152pF	1	C_8				

② 用万用表检测元器件的好坏。

(3)工艺流程(见图9-52)

SMT实训产品装配工艺流程如图9-52所示。

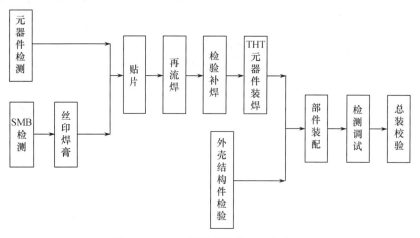

图9-52 SMT实训产品装配工艺流程

(4)安装步骤

1)安装前检查

① SMB检查：对照图9-53检查SMB图形完整，无短路、断路缺陷，助焊层，孔位及尺寸。

② 外壳及结构件检查：外壳有无缺陷及外观损伤。

③ THT元器件检测：电位器阻值调节特性，LED、电感线圈、电解电容、插座、扬声器、开关的好坏。

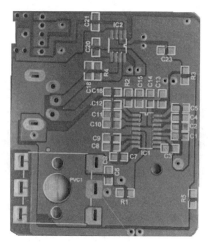

图9-53 SMB上元器件贴片图

2)贴片及焊接

① 丝印焊膏，并通过放大镜检查印刷情况。

② 贴片，把贴片元器件按照位号贴到SMB的相应位置。

注意：

● SMC和SMD不得用手拿；

● 注意集成电路IC1、IC2的标记方向；

● 贴片电容表面没有标记，要按位号贴到指定位置；

● 贴片电阻有标记的一面为正面。

③ 检查贴片数量及位置。
④ 放入再流焊机焊接。
⑤ 检查焊接质量及修补。

3）安装 THT 元器件

① 安装并焊接电位器 VR。
② 安装并焊接耳机插座，焊接时电烙铁不要太热，电烙铁加热时间要短，防止耳机插座被烫坏。
③ 安装并焊接电容器 VC1。
④ 安装并焊接电感线圈 L、电解电容 C_{17}、C_{19}、C_{22}。
⑤ 安装并焊接发光二极管 LED。
⑥ 安装并焊接拉杆天线。
⑦ 焊接电源导线、扬声器导线，注意导线颜色。
⑧ 安装扬声器、电池弹弓。

（5）调试及总装

1）调试

① 目视检测

元器件：型号、规格、数量及安装位置，方向是否与图纸相符。

焊点：有无虚焊、漏焊、桥接、飞溅等焊接缺陷。

② 测总电流

RW-2908FM 单片收音机的电源电压为直流 3V 供电，整机静态工作电流为 10mA 左右，用万用表 200mA 挡跨接在开关两端可测出总电流。

③ 测集成电路 SP7021 各引脚的静态工作电压（见表 9-11）

表 9-11 SP7021 各引脚的静态电压参考值

引脚	1	2	3	4	5	6	7	8
电压/V	2.71	2.07	0	2.9	2.9	2.35	2.3	2.3
引脚	9	10	11	12	13	14	15	16
电压/V	2.9	2.3	2.3	0.85	0.85	1.21	0.58	1.2

④ 调接收频段

调整频率范围 FM88～108MHz，将刻度盘旋到低端找到一个已知的电台（可找一台成品 FM 收音机对照），并对准刻度盘的频率指示，调节电感线圈 L 的匝间距离，使指示频率接近；在高端找到一个已知频率的电台，将刻度指示在该频率上，然后调整微调电容 VC1，反复上述步骤两三次即可调整好。

2）总装

① 蜡封线圈：调试完成后，将适量塑料泡沫填入线圈 L（注意不要改变线圈的形状及匝间距），滴入适量蜡使线圈固定。

② 固定 SMB，装外壳。

参 考 文 献

[1] 黄盛兰. 电工电子技术实训教程. 北京：北京邮电大学出版社，2007.
[2] 王天曦，李鸿儒. 电子技术工艺基础. 北京：清华大学出版社，2000.
[3] 周乐挺. 电工与电子技术实训. 北京：电子工业出版社，2004.
[4] 刘喜凤. 电子工艺技术基础. 南昌：江西高校出版社，2014.
[5] 马茂军. 维修电工操作技术要领图解. 济南：山东科学技术出版社，2007.
[6] 金明. 维修电工实训教程. 南京：东南大学出版社，2006.
[7] 王刚. 维修电工实训教程. 杭州：浙江大学出版社，2016.
[8] 孙惠康. 电子工艺实训教程. 北京：机械工业出版社，2001
[9] 王建花，刘姝. 电子工艺实习. 北京：清华大学出版社，2010.
[10] 郭江，孔祥荣. 实用电工电子实训教程. 成都：西南交通大学出版社，2008.
[11] 毕满清. 电子工艺实习教程. 北京：国防工业出版社，2003.
[12] 殷小贡，蔡苗，黄松. 现代电子工艺实习教程. 武汉：华中科技大学出版社，2013.
[13] 苏寒松. 电子工艺基础与实践. 天津：天津大学出版社，2009.
[14] 陈晓. 电子工艺基础. 北京：气象出版社，2013.
[15] 李光兰，吴君. 电子产品组装与调试 电子工艺与设备. 天津：天津大学出版社，2010
[16] 赵玉玲，李晓松，张雪娟. 电子技术实训. 杭州：浙江大学出版社，2007.
[17] 李亮军，李德民. 无线电基础与收音机. 北京：科学出版社，2000.
[18] 樊会灵. 电子产品工艺. 北京：机械工业出版社，2010.
[19] 罗厚军. 模拟电子技术与实训. 北京：机械工业出版社，2012.
[20] （美）Prasad，R.P.著. 丁明清，张伦译. 表面安装技术原理和实践. 北京：科学出版社，1994.
[21] 陈应华. 常用集成电路应用与实训. 北京：北京邮电大学出版社，2013.
[22] 仇超. 电工实训.3 版. 北京：北京理工大学出版社，2015.
[23] 张文凡，廖辉，刘民庆.电工电子基本技能实训. 北京：中国电力出版社，2012.
[24] 余仕求. 电工电子实习教程.武汉：华中科技大学出版社，2012.
[25] 寇志伟. 电工电子技术应用与实践. 北京：北京理工大学出版社，2017.